经典 名著

让阅读更有意义

森林的夏日

[苏] 比安基◎著

梅昌娅◎编译

汕头大学出版社

图书在版编目（CIP）数据

森林的夏日／（苏）比安基著；梅昌娅编译. -- 汕
头：汕头大学出版社，2018．3（2022.1重印）

ISBN 978-7-5658-3431-8

Ⅰ．①森… Ⅱ．①比… ②梅… Ⅲ．①森林-青少年
读物 Ⅳ．①S7-49

中国版本图书馆 CIP 数据核字（2018）第 007037 号

森林的夏日　　　　　　　　　　　　　　　SENLIN DE XIARI

作　　者：（苏）比安基

编　　译：梅昌娅

责任编辑：宋倩倩

责任技编：黄东生

封面设计：三石工作室

出版发行：汕头大学出版社

　　　　　广东省汕头市大学路 243 号汕头大学校园内　邮政编码：515063

电　　话：0754-82904613

印　　刷：三河市天润建兴印务有限公司

开　　本：690mm×960mm 1/16

印　　张：12

字　　数：173 千字

版　　次：2018 年 3 月第 1 版

印　　次：2022 年 1 月第 2 次印刷

定　　价：59．80 元

ISBN 978-7-5658-3431-8

导　读

　　维·比安基(1894—1959)是前苏联著名儿童文学作家,曾经在圣彼得堡大学学习,1915年应征到军校学习,后被派到皇村预备炮队服役。二月革命后被战士选进地方杜马与工农兵苏维埃皇村执行委员会,苏维埃政权建立后,在比斯克城建立阿尔泰地质博物馆,并在中学教书。

　　维·比安基从小热爱大自然,喜欢各种各样的动物,特别是在他父亲——俄国著名的自然科学家的熏陶下,早年投身到大自然的怀抱当中。

　　27岁时,维·比安基记下一大堆日记,积累了丰富的创作素材。此时,他产生了强烈的创作愿望。1923年成为彼得堡学龄前教育师范学院儿童作家组成员,开始在杂志《麻雀》上发表作品,从此一发而不可收。

　　仅仅是1924年,他就创作发表了《森林小屋》、《谁的鼻子好》《在海洋大道上》《第一次狩猎》《这是谁的脚》《用什么歌唱》等多部作品集。

　　从1924年发表第一部儿童童话集,到1959年作家因脑出血逝世的35年的创作生涯中,维·比安基一共发表300多部童话、中篇、短篇小说集,主要有《林中侦探》《山雀的日历》《木尔索克历险记》《雪地侦探》《少年哥伦布》《背后一枪》《蚂蚁的奇遇》《小窝》《雪地上的命令》以及动画片剧本《第一次狩猎》等。

1894年，维·比安基出生在一个养着许多飞禽走兽的家庭里，他从小喜欢到科学院动物博物馆去看标本。跟随父亲上山去打猎，跟家人到郊外、乡村或海边去住。在那里，父亲教会他怎样根据飞行的模样识别鸟儿，根据脚印识别野兽……更重要的是教会他怎样观察、积累和记录大自然的全部印象。

比安基27岁时已记下一大堆日记，他决心要用艺术的语言，让那些奇妙、美丽、珍奇的小动物永远活在他的书里。只有熟悉大自然的人，才会热爱大自然。著名儿童科普作家和儿童文学家维·比安基正是抱着这种美好的愿望为大家创作了一系列的作品。

蔷薇花开的6月，候鸟从远方飞回来了，夏天开始了，现在的白天是最长的。在很远的北极，太阳24小时都挂在天上，再也看不到夜晚。在潮湿的草地上，长满了各种各样的花，有金钱花、马蹄草、毛茛等，这些花把整个草地装扮成金黄色。

所有的鸣禽都有了自己的家，每个家也都有了蛋。这些蛋五颜六色、形状各异。从薄薄的蛋壳里，可以看到柔弱的小生命。森林的夏日充满了生命力与朝气，小动物们继续着欢乐的日子。森林报的小通讯员又开始为大家讲述森林里的故事了。

作者采用报刊的形式，以春夏秋冬12个月为序，向我们真实生动地描绘出发生在森林里的爱恨情仇、喜怒哀乐。

阅读这本书，你会发现所有的动植物都是有感情的，爱憎分明，它们共同生活在一起，静谧中充满了杀机，追逐中包含着温情。每只小动物都是食物链上的一环，无时无刻不在为生存而逃避和猎杀，正是在这永不停息的逃避和猎杀中，森林的秩序才得到真正有效的维护，生态的平衡才得以维持。

　　然而如果我们仅仅把自己当做俯视一切的自然秩序之上者，那么阅读中一定会失去很多感动与震撼的心灵体验，甚至被书中的小动物们骂成"无情的两足无毛冷血动物"。

目 录

森 林 报

No. 4

6 月 21 日——7 月 20 日

鸟儿筑巢月
（夏季第一月）

太阳进入巨蟹宫

一年 12 个月的阳光组诗

蔷薇花开的 6 月，候鸟从远方飞回来了，夏天开始了。 现在的白天是最长的。 在很远的北极，太阳 24 小时都挂在天上，再也看不到夜晚。 在潮湿的草地上，长满了各种各样的花，有金钱花、马蹄草、毛茛等，这些花把整个草地装扮成金黄色。

这时期，人们在阳光明媚的早晨，采集药草的花、茎和根，以便在突然生病时，能够把这些药草身体里的有益元素转到自己身上。

一年之中最长的一天，6 月 22 日夏至日，就这样过去了。

从这天起，白昼在慢慢缩短，速度非常地慢，跟当初的春光增加的速度一样，让人感觉到时光在变化。 民间说道："夏天的景象，可以从篱笆缝看到……"

所有的鸣禽都有了自己的家，每个家也都有了蛋。 这些蛋五颜六色，形状各异。 从薄薄的蛋壳里，可以看到柔弱的小生命。

动物们的住处

到了孵化小鸟的季节，森林里的动物们开始辛勤地劳作，建造自己的房子。

我们《森林报》的通讯员要去看一看，那些飞禽、猛兽、鱼儿和小昆虫都住在什么地方呢？ 它们是怎样生活的？

特别的房子

现在的森林，到处都是动物们的房子，再也找不到空地了。 陆地上、地底下、水上、水下、树枝上、树干里、草丛中、半空中，全都住满了。

黄鹂的房子建在半空中。 黄鹂用大麻、草茎和毛发，编成像篮子式的房子，把它挂在很高的白桦树的树枝上。 小篮子里

放着黄鹂鸟的蛋，这太不可思议了，不管树枝怎么摇晃，鸟蛋都不会掉下来。

把房子建在草丛里的，有百灵鸟、林鹨、鹞和许多别的鸟类。 我们的通讯员非常喜欢柳莺，尤其是它的窝棚。 那是用干草和青苔搭建而成的，上面有个盖子，出入口留在侧面。

还有把房子建在树洞里的，有飞鼠、木蠹曲、小蠹虫、山雀、椋鸟、猫头鹰、啄木鸟和其他的鸟类。

鼹鼠、田鼠、貛、灰沙燕、翠鸟和各种各样的虫儿，都把房子建在地底下。

鸊鷉是一种潜鸟。它的巢浮在水面上，是用沼泽里的水草、芦苇和水藻堆积成的。鸊鷉就住在这个巢里，可以到处去玩，好像是乘坐小船一样。

把房子建在了水底下的这两个小家伙，是河榧子和银色水蜘蛛。

谁的房子最漂亮

通讯员想要找一个最漂亮的房子。然而，要判定谁的房子最漂亮，还有一些难度呢！

黄脑袋的戴菊鸟的窝是最小的，跟人的拳头大小差不多。它的身子还没有蜻蜓大呢？

老鹰的巢是最大的，它是用粗树枝搭成的，在高高的松树上架着。

鼹鼠的房子很特别，有许多个出口、入口及安全门。不管你用什么方法，都很难捉到它的。

卷叶象鼻虫的房子非常精致。它是一种有长吻的小甲虫。卷叶象鼻虫也很聪明，先把白桦树叶的叶脉咬掉，等到树叶枯黄了，把树叶卷成筒状，然后，用唾液把结合处粘起来。雌卷叶象鼻虫就安心地在这筒形的房子里产卵。

有的巢比较简单，比如脖子花花的嘴鹬和夜间神游的夜莺。 嘴鹬把自己的蛋产在小河边沙地上，夜莺把蛋产在树底下枯叶堆的小坑里。 这两种鸟，在建房上不用心。

反舌鸟①的小房子是最漂亮的。 它把巢搭在白桦树枝上，并用苔藓和柔软的桦树皮进行装饰。 在别墅的花园里，它还捡来了人们扔在那里的彩色纸屑，编在巢的外边，使自己的房子更加漂亮。

长尾山雀搭的窝是最舒服的。 它还有一个别名叫"汤勺儿"，因为它长得很像一只盛汤用的勺子。 它的巢，最里层是用绒毛、羽毛和兽毛编造的，最外面的是用苔藓和地衣粘成的。 它的巢圆圆的，好像一个小南瓜，门口在巢的顶部中间的位置，口也是圆的。

河楄子幼虫的小房子非常轻巧。 河楄子是昆虫的一种，它

---

① 篱莺的一种，会模仿人的说话和其他种鸟儿的叫声。

的身上长有翅膀。它一旦停下来，翅膀很快就收拢起来，盖住自己的身子。它的幼虫并没有翅膀，全身上下光光的，没有东西能遮住身体。它们住在小河或小溪底。

河榧子幼虫在建房子时找到细草棍儿和芦苇秆儿，等把房子建得跟自己的身子大小差不多时，就会把泥沙做的小圆筒粘在上面，接着，自己倒着钻进去。这是多么方便啊！

有时，它藏在里面不出来，安心地睡觉，非常安全，不用考虑会被发现；有时，它又会伸出前腿儿，想换换地方，就背着小房子在河底运动一会儿，房子比较轻也累不着。

有一只河榧子的幼虫，找到了一个沉在水底的烟头，一使劲儿就钻了进去。于是，它就随着烟头到处游玩观赏。

银色水蜘蛛的房子与众不同。它住在水底，在水草间织网，然后，用自己毛茸茸的肚皮，从水面上带回来一些气泡，放到网的底下。它就住在这个带有空气的小房子①里面。

———————————

① 水蜘蛛的巢倒挂耒草梗子上，是用蛛丝做成的，形状就像一个杯子。水蜘蛛从水面上把空气灌进窠里，又把巢里的水排出去。它就住在这个蛛丝做成的有空气的小房子里。

谁还会筑巢

鱼类的巢和野鼠的巢，也被森林通讯员给找到了。

刺鱼给自己建造了一个实实在在的窝，建巢的任务由雄刺鱼来完成，最后建得非常好。它往往只选择那些比较轻的草棍儿，这些草秆儿是它用嘴从水底衔到水面上去的，不会出现漂浮的情况。雄刺鱼用这些草棍儿来造墙壁和天花板，并用自己的唾液粘牢固，然后，再用苔藓把那些小洞都堵上。巢穴的两扇门开在墙壁上。

小老鼠的巢与小鸟的巢一样。小老鼠的巢是用草叶和撕得粉碎的草茎编成的。幼鼠的巢建在松柏的树枝上，距离地面有两米多高呢！

建造房子用什么材料

在森林里，动物们用不同的材料建造自己的房子。

歌声优美的鸫鸟建的巢是圆的，这是它们用烂木头的透明胶状物，涂在内壁上建的。

家燕和小乌鸦的巢是用泥巴做的，它们用自己的唾液，把一些细枝条沾接起来，非常地牢固。

黑头莺的巢是用细树枝搭起来的，它还利用蜘蛛网把这些细树枝粘牢。蜘蛛网是又黏又轻的那种。

鸸是一种奇特的小鸟，它可以头朝下，在挺直的树干上来回跑动。它住在开口比较大的树洞里。为了防止松鼠闯进来，它就用黏泥把洞口封起来，只留一个自己能够挤进挤出的小口。

翠鸟造的巢是最有趣的。它背部的羽毛是翠蓝色的，腹部是棕色的。它在河岸上挖一个比较深的洞，在自己小房子的地面上铺一层很细的鱼刺儿，于是，它便有了一张非常舒服的床垫子。

借别人的房子住

不会造房子，或者非常懒散的森林动物，就借其他动物的房子住。

布谷鸟会把产下的蛋，放在鹡鸰、知更鸟、黑头莺和其他善于做巢的小鸟的巢里。

森林中的黑勾嘴鹟，在找到一个旧的乌鸦巢后，就会在里面孵小黑勾嘴鹬。

船砢鱼非常喜欢主人抛弃的虾洞，这种小洞通常在水底的沙堆里面。 船砢鱼就把卵产在小洞里面。

有一只麻雀的家建得非常合适。 它在屋檐底下建了一个巢，可是却让小男孩给弄坏了。 接着，它又把家安在了树洞里，不幸的是，产下的蛋让鼹鼠偷走了。

最后，麻雀把巢安在了雕的巢穴里。 雕的巢都是用粗大的树枝搭成的，麻雀把它的小房子搭在了树枝间，房间非常地宽大。 现在，麻雀高枕无忧了，也不会受到其他动物的侵犯了。 庞大的雕根本发现不了它。

那些鼹鼠、猫儿、老鹰，还有那些小男孩们，都不会再破坏麻雀这个家了，因为他们都害怕雕。

动物共同的家

茂密的森林是动物们共同的家。

蜜蜂、大黄蜂、马蜂和蚂蚁建的家，就是成千上万的房客住进去，也不会拥挤。

尖嘴鸦的移动范围，主要在果园和小树林里，在那里，有许多的巢建在一起。鸥的活动范围在沼泽、沙岛和浅滩。灰沙燕在陡峭的河岸上凿了许多的小洞，它就住在这些小洞里。

窝里有哪些东西

鸟巢里都有蛋，但是这些鸟蛋都不一样。

不同的鸟产的蛋也不同，这是有根据的，不是乱说。比如勾嘴鹬的蛋上面有许多的小斑点；歪脖鸟的蛋的颜色是白色的，还带有一点粉红色。

鸟儿们产蛋很会找地方。歪脖鸟在又黑又深的树洞里产蛋，别人是不会发现的。勾嘴鹬就不同了，它把蛋直接产在草墩子上，在外面暴露着。如果蛋是白色的，别人会很容易发现的。现在，蛋的颜色与草墩的颜色一样，在你没有发现它们时，就踩到上面了。

野鸭的巢筑在草墩子上，它产下的蛋大多是白颜色的，也没有其他的东西盖着。所以野鸭给自己留了一手，就是每当离开巢的时候，都会把身上的绒毛啄下来，小心地盖在蛋上面。这样别人就不会发现了。

为什么勾嘴鹬产下的蛋有一头很尖呢？而猛禽兀鹰产下的蛋却是圆的呢？

其实这个道理很简单：勾嘴鹬是一种体形较小的鸟，只有兀鹰的 1/5 那样大。可是勾嘴鹬的蛋比较大，蛋的一头是尖尖的，把这些蛋的小头对着小头，紧紧挨着，占的地方就比较小。 如果不这样的话，在孵蛋的时候，小小的身子是盖不住蛋的。

很奇怪，为什么小小的勾嘴鹬产下的蛋，却和兀鹰的蛋大小差不多呢？

对于这个问题，等到雏鸟出壳的时候，我们会在下一期的《森林报》里回答。

森林记事

狐狸怎样赶走了獾

狐狸的家遭遇了不测，洞顶棚塌了，险些把小狐狸压死。狐狸看到后，认为情况不大好，就决定要搬家。

狐狸到了獾的家。獾的洞很有特色，这是它辛苦劳动的硕果。进出口有许多个，这边一个那边一个，洞穴之间都相互交叉着，这是为了自己的安全着想。

獾的洞比较大，可以住下两家人。狐狸想借一间房子住，可是獾不答应。獾做事很认真，从来都不马虎。它爱干净，爱整洁，不许家里有任何的脏地方。

"来我这里住还带着孩子怎么可以呢？"獾把狐狸撵走了。

"好！好！"狐狸想，"你是这样的人啊！就等着瞧吧！"

狐狸假装要离开了，却躲到灌木丛后面，坐在那里等机会的到来。

獾伸头向外看了看，不见了狐狸的影子，这才从洞里爬出来，到树林里去找蜗牛吃。

这个时候，狐狸跑过来，一下子钻入獾的洞中，在地上拉屎，撒尿，把獾的家搞得乱七八糟，又脏又臭，然后就溜了。

獾回来一看，"好乱呀！有一股很臭的味道！"它气愤地"哼"了一声，就离开了这个家，到别处给自己挖洞去了。

狐狸的诡计得逞了。狐狸把小狐狸衔过来，在舒服的獾洞里开始新生活了。

很特别的植物

池塘里的浮萍已经很多了。有的人称之为水草，而事实上，水草是水草，浮萍是浮萍。

浮萍是一种很特别的植物，与其他的植物不太一样。它的根细小，浮在水面上的绿色小圆片儿，上面凸起一个椭圆的东西。这些凸起的东西，就是它的枝和茎，一个个像小圆饼似的。浮萍是没有叶子的，有时候，也会开几朵花，不过这是很少见的。它繁殖起来非常的简单，又很迅速。只要从这圆饼似的茎儿上脱落下来一个小圆片儿型的枝，就会变成两株浮萍了。

浮萍的生活很自由，游到哪里，便在哪里安家，什么东西都不能牵制它。在野鸭游过时，浮萍就会贴在野鸭的脚蹼上，随着野鸭飞到另一个池塘去。

有趣的花

在茂盛的草地上和树林间的空地上，绛紫色的矢车菊开着很大的花。 森林通讯员每次看见它，就会想起伏牛花来。 因为这两种花有着共同的特点，都会耍一些小戏法。

矢车菊的花是由小花组成的小花序，而不是一朵朵的。 它上面那漂亮蓬松的小花儿，都是一些不结子的无实花。 真正的花却在中间，是许多绛紫色的管状花。

在这些管状花里，有一根雌蕊和许多根会变戏法的雄蕊。 当你碰到这些小管子时，它们就会向一旁歪去，从管子的细孔里喷出一些花粉。 过不多久，你若再碰它一下，它就会摇摆起来，又从细管子里喷出花粉来。

这就是矢车菊的小戏法！

这些花粉是有用的，若是有昆虫向它要花粉，它就会给一些。 拿去吃也可以，沾到自己身上也行，只要把一点点的花粉带到另外一朵矢车菊上就可以了。

神秘的凶手

森林里，不知什么时候冒出来一个神秘者，森林中的所有居民都担惊受怕。

自从神秘者出现后，每天夜间，都会丢失几只小兔子。小鹿啊，琴鸡啊，山鸡啊，松鼠啊，兔子啊，一到晚上，就害怕起来，感觉很不安全。 不管是林中的鸟儿，树上的小松鼠，或是地上的老鼠，都不晓得这个神秘的凶手从哪里来。这个神秘的凶手总是在你不注意时出现，有时会出现在草丛里，有时出现在灌木丛，有时会从树上跳下来。有可能凶手不止它一个，会是一个帮派呢！

前几天的晚上，雄獐鹿和雌獐鹿带着两个孩子，在森林里的草地上吃草。离灌木丛有 8 米远的距离，雄獐鹿站在那里负责放哨，雌獐鹿带着两个孩子在吃草。

突然间，一个高大乌黑的东西从灌木丛里蹿了出来，一下子扑到了雄獐鹿的背上。雄獐鹿倒下了，雌獐鹿带着两个孩子拼命地逃进了森林里。

第二天早上，雌獐鹿回到原来的地方时，雄獐鹿只剩下了犄角和 4 个蹄子。

麋鹿是在昨天夜里遭到袭击的。它穿过森林时，看见在一棵树的树枝上，有一个难看的大木瘤。

麋鹿是森林里的莽汉，它谁都不怕的。它有一对特别大的犄角，就是大熊也不敢轻易侵犯它。

麋鹿走到树下，正要抬头看看树上的木瘤到底是什么，突然，一个可怕的家伙，身体也非常的庞大，一下子就扑到它的脖子上了。

面对这突如其来的一击，麋鹿不由得吓了一跳。它把头猛地一摇，把这个凶手从背上给甩到了地上，然后迅速跑掉了，头也没回一次。

现在它还是一头雾水，夜里袭击自己的到底是什么东西？！

这森林中没有狼，就算有，可是狼不会爬树呀！熊呢？熊现在待在树木茂密的地方，正在睡觉呢，怎么会从树上跳到麋鹿的脖子上去。

那么，这个神秘的凶手到底是谁呢？直至现在也没有真相大白。

夜莺的蛋不知去向

森林通讯员发现了一个夜莺的巢，巢里有两个蛋。若是有人靠近它，雌夜莺就会从蛋上飞起来。

森林通讯员没敢动它的巢，只是在这里做了个标记。一小时过后，他们又回到这里看夜莺的巢，奇怪的是，巢里的蛋却

不见了。

蛋到底去哪了？ 森林通讯员思考着。 又过了两天，才真正明白了是怎么一回事：在森林通讯员离开后，雌夜莺飞回来，把蛋叼到别处去了，它非常担心人们会毁坏自己的巢，捣烂自己的蛋。

坚强的小鱼

前面我们讲过，雄刺鱼在水底建的巢是什么样的。

在巢建好后，雄刺鱼就会选一条雌刺鱼，作为自己的妻子带回家。 鱼儿进来后，产下鱼子，就游走了。

雄刺鱼接着找第二位妻子，再去找第三位、第四位，可是这些刺鱼妻子都离开了它，把产下的鱼子全留给了雄刺鱼看管。

只有雄刺鱼一个人看家了，还有很多的鱼子要看管。

河里有一些爱吃鱼子的家伙，可怜的小雄刺鱼，不得不待在家里看护自己的家，以防那些残忍的家伙来捣乱。

前几天，贪吃的河鲈鱼突然闯进了它的家。 身材娇小的雄刺鱼坚强、勇敢地与敌人展开了激烈的搏斗。

雄刺鱼竖起身上的 5 根刺：3 根在脊背上，2 根在腹部，全部向鲈鱼刺去。

由于鲈鱼全身披着坚硬的鱼鳞，很不容易刺透，只有鳃部没有任何的保护。 于是，刺鱼就对着鲈鱼的鳃刺过去了。

鲈鱼看到雄刺鱼这么坚强不屈，就迅速逃走了。

鼹鼠

森林通讯员从加加尔省发来一份报道：

"为了更好地锻炼，我在地上竖立一根杆子。 在挖土的时候，挖出了一只小野兽。"

"它的前掌上面有爪子，背上有两片薄膜，刚好盖住身体，很像翅膀。 身上有棕黄色的软毛，比较短，并且又很稠密，像兽毛一样。 它的身子长约 5 厘米，似乎像黄蜂，还有点像鼹鼠。 从它身上的 6 只脚来看，应该是一种昆虫。"

这种昆虫长得很像小野兽，也难怪有一个野兽般的称号，叫做蝼蛄。 它长得很像鼹鼠，前掌都比较宽，都是挖土的好手。 另外，蝼蛄还有两条像剪刀一样的前腿。 它在地下行走时，用前腿剪断植物的根。 蝼蛄非常强壮，前脚锋利，一些植物的根，用它的前脚很容易就能剪断，有时它也会用牙咬断。

蝼蛄的两腭上，长着一对弯曲的薄片，很像它的牙齿。

蝼蛄的生活都是在地下度过的。 它与鼹鼠差不多，在地下挖洞，在里面产卵，而后在上面堆个土堆儿，有点像鼹鼠的窝。 另外，蝼蛄还有一对软软的翅膀，可以到处飞。 然而，鼹鼠却没有翅膀，只能在那里观看蝼蛄的飞行表演。

在加加尔省，蝼蛄不太多，我们这里也是非常少的。 但在南方的州，蝼蛄比较多。

你要是想找到它，就到潮湿的土里去找吧！ 在水边、果园里和菜园里比较多。 捉到它的方法是选好一个地方，每天晚上往这块地方浇水，然后在上面铺一层碎木屑。 深夜，蝼蛄就会钻入木屑下的稀泥里。

凶手是哪位

今天夜里，林子里又发生凶杀案了，树上的松鼠被杀害了。 森林通讯员对现场进行了勘查，发现树上和树下都留下了脚印，根据这些证据，才清楚谁是这个神秘的凶手。 在前不久杀死獐鹿，搞得整个森林里惶恐不安的都是它！

森林通讯员看了看它留下的脚印，凶手原来是来自北方森林里的"豹子"，就是凶残的"林猫"——猞猁。

小猞猁渐渐长大了，猞猁妈妈带着它们在森林里散步，一会儿跳到这里，一会儿蹦到那里，玩得非常开心。

不论是白天还是夜晚，它的视力都一样好。要是有谁在睡觉前藏得不隐蔽，那可要倒大霉了！

刺猬是我的救星

天刚亮，玛莎就醒了，迅速穿上衣服，光着脚，就往林中跑去了。

林子里的小山丘上有许多草莓果，玛莎很快就摘了一篮子，一刻都不停留，就往家赶。踩着沾满露水的冰凉的草墩，跑着跳着，还哼着歌，非常的高兴。突然，她的脚下一滑，疼得她大叫起来。她的一只脚滑下了草墩，什么坚硬的东西扎到了脚，很快就流血了。

原来草墩下面有一只刺猬。这个时候已缩成团，"唧唧"地叫着。

这时，玛莎大声地哭起来了，坐在旁边的草墩上，不停地用衣服擦脚上的血。

就在这时，刺猬突然不叫了。

原来，一条背上带着黑色条纹的大蝰蛇，正在向玛莎爬过来。这是一条有毒的蝰蛇！玛莎非常的害怕，胳膊腿儿都软了。蝰蛇越来越近，还不断地吐着它那叉子似的舌头。

就在这个时候，小刺猬拱起身子，快速向蝰蛇跑过去。蝰蛇也做出搏斗的姿势，并用它那像鞭子似的身子迅速向刺猬抽过去。

然而，小刺猬非常的机灵，赶快竖起自己的刺迎过去。 蝰蛇狂叫着，想逃走。 小刺猬扑在了蝰蛇身上，从后面用牙齿咬住它的脑袋，用爪子拍打它的背部。

此时，玛莎才醒过神儿来，迅速站起来，径直往家跑去。

可爱的蜥蜴

在树林里的树桩旁边，森林通讯员捉到了一只蜥蜴，把它带回了家。 森林通讯员在大玻璃罐里，铺上沙子和小石子，然后，把蜥蜴放进去养着。

每天，森林通讯员都会给它换水、换草和换土，还放一些苍蝇、小虫子、蛆虫和蜗牛。 它吃得很香，经常是一口吞下去。 它最喜爱吃的是菜园里的白蛾子。 一看到白蛾子，赶快把头朝向白蛾子，张开大嘴，吐出像叉子一样的舌头，猛地跳起来，向自己的食物扑过去。 这个动作就像狗扑食一样。

一天早上，森林通讯员发现在小石子间的沙土里，有 10 多个椭圆形的小白蛋，蛋壳比较软，很薄。 蜥蜴给它们找了一个

可以晒到阳光的地方。 一个多月过去了，小白蛋破壳了，从里面钻出来一条条机灵的小蜥蜴，与它们的妈妈长得很像。

现在，这一家子经常爬到小石子上，享受着阳光的沐浴呢！

小燕子的窝

6月25日 每一天，我都会看着这对燕子辛苦地劳动着，在建造自己的家。 燕子的窝也慢慢地变大了。 每天早晨，它们开始忙碌起来，到中午时，只休息两三个小时，又开始不停地在那里修补，然后再继续衔泥筑巢，到日落后才停下来。 但是，不停地干下去是不行的，要等到泥稍干一些才可以。

有时，其他的燕子会登门拜访。 若是猫没有出现在房顶上，小客人就会停在梁木上歇一会儿，"叽叽喳喳"，高高兴兴地聊会天儿。 主人是不会把它们赶走的。

现在，巢已经像下弦月了，也就是月亮的圆缺变化，两个尖角朝右时的样子。

我现在明白了，燕子为什么把巢做成这个样子，为什么两边不是均匀地增大。 因为巢是雄燕子和雌燕子共同建的，但是它们两个出的力是不同的。 雌燕子衔泥飞回来了，头总是向左歪。 雌燕子干活很出力，它一直往左边衔泥，次数也比雄燕子的多。

雄燕子有时飞走后，很长一段时间都不回来，肯定是出去玩了。 雄燕子衔泥回来了，可是它老是从右边开始筑。 它干活时不愿出力，没有雌燕筑得快，右边的总是比左边的短一些。 所以，燕子的巢才会出现两边不均匀的情况。

雄燕子真是一个大懒虫，还不觉得脸红！ 事实上，它的身子比雌燕子强壮！

6月28日 燕子不再衔泥了，开始向巢里衔一些细草棍儿和柔软的毛。 令我吃惊的是，燕子对工程计算得很精确。 本应是一边要比另一边提前完工。 雌燕子把左边的巢建得很高，已经到顶了，而雄燕子的右半边还在进行着。 这样就形成了右边有缺口的巢，而且也不是圆的。 其实，这就是它们的进出口，不然它们从哪里进出呢？ 看来，我之前的责骂是错的，冤枉雄燕子了。

今天，雌燕子第一次留在家里，度过舒心的一夜。

6月30日 它们的巢建好了。 雌燕子待在家里很长时间都不出门，可能已产下第一个蛋了。 雄燕子过一会儿就会衔一些小虫子回来，给雌燕子吃，还开心地唱着歌，小声地说着祝福的话。

它们的朋友从远方飞回来了，有顺序地从巢的旁边飞过，还向里面张望着，在巢前煽动着翅膀。 此时，女主人把头伸向了外面，也许它们已经吻了女主人的小脸儿。 客人们玩了一会儿，就飞走了。

有时，猫也会爬上屋顶，从梁上向下看。 它是不是在等着小燕子出世呢？

7月13日 都两个星期了，雌燕子待在家里，很少出来活动。 只是在中午比较暖和时，才会飞出来一会儿，这样做，是为了不让蛋着凉。 雌燕子在屋顶上空盘旋一会儿，捉一些苍蝇吃，然后飞向池塘边。 在那里，它飞得很低，身子可以接触到水面。 这时，雌燕子用嘴抄点水喝，等喝饱了，就飞回巢里。

今天与往日不一样了，燕子夫妇都开始忙活起来，不时地从巢里飞出又飞回来。 偶然间，我看到雄燕子把白色的硬壳衔出来，雌燕子的嘴里还衔着小虫子。 出现这样的情况，可能是小燕子出世了？

7月20日 不好了！ 不好了！ 猫儿爬上屋顶了，整个身体都在梁上倒挂着，想用它的爪子往巢里掏。 巢里的小燕子非常的害怕，"啾啾"地叫着，看上去多么可怜呀！

这个时候，不知从哪里飞来一大群燕子。 它们大声地叫着，飞来飞去，险些撞到猫的鼻子。 真险呀！ 猫儿差点抓到一只燕子！ 哎呀！ 猫儿又扑向另一只燕子了。

很好！ 很好！ 猫儿没有抓到，这时，脚下一滑，从上面掉下来了。

猫儿没有摔死，但也摔得不轻。 好像有条腿给摔伤了，"喵喵"叫几声后，一瘸一拐地走了。

这是它自找的！ 这样小燕子就安全了，再也不会受到猫儿的惊吓了。

●森林通讯员　维利卡

妈妈和小燕雀

我住的院子里，有各种各样的花儿，还有一棵大树，使得院子里非常凉爽。

我在院子里正走着，突然，一只小燕雀从脚下飞起来，脑袋上还带着两撮比较柔软的毛，有点像犄角。 它飞起来后，又落下去了。

我捉到了它，并把它带回了家。父亲让我把它放在开着的窗子前。

一个小时过后，燕雀的爸爸妈妈就飞回来喂小燕雀了。

它在我这里住了一天。到了晚上，我就关上了窗户，把小燕雀关进笼子里。

一大清早我醒来时，看到燕雀的妈妈在窗台上蹲着，嘴里还衔着小虫。我迅速起床，把窗户打开，然后，躲到柜子的后面暗中观察。

过了一会儿，燕雀妈妈从远处飞回来了，蹲在窗台上。这时，小燕雀"唧唧"地叫了几声，它肯定是饿坏了。燕雀妈妈左右望了望，觉得安全了，就从窗户飞进屋里，落在笼子上面，把嘴伸进笼子里，开始喂它的孩子。

然后，燕雀妈妈又飞走了，它是找食物去了。我把小燕雀带到院子里，并把它放出来了。

我回头去看时，小燕雀已经不在那儿了，是燕雀的妈妈把它的孩子带走了。

●森林通讯员　贝科夫

神秘的金线虫

在河流、湖泊和池塘里，或是深水坑里，都有一种神秘的生物生存着，这个神秘的生物就是金线虫。人们经常这样说，当你到河里洗澡的时候，它可以钻入你的皮肤，在皮下跑来跑去，让人感觉到身上很痒，很不舒服。

金线虫就像棕红色的长线，也像用钳子剪断的金属丝。

它比较硬，把它放到石头上面，拿另一块石头用力地砸，它也不会受伤，还在不断地变化着，一会儿伸长，一会儿收缩，还会卷成团儿。

事实上，金线虫是一种没有头的软体动物，对人类没有任何伤害。雌金线虫的肚子里面全是卵。它们的卵在水中孵化成小幼虫，这些小幼虫长着角质状的钩刺。这些小幼虫附着在水栖昆虫的幼虫身上，然后，钻入幼虫的身体里，让外皮包裹着它们。

如果在今后的生活中，它们的"主人"没有被昆虫或水蜘蛛吞进肚子里，它们的一生就要宣告结束了。若是可以进入新"主人"的体内，金线虫就会变成没有脑袋的软体虫，在水里游来游去，使那些迷信的人心惊胆战。

枪杀蚊子

有一个半岛，那里有座国立达尔文自然保护区的办公楼，周围是雷滨海。这是个新的海，也是一个不同寻常的海。前些日子，这里还是树木繁茂的森林。海不是很深，甚至有些地方可以看到树梢儿。这是个淡水海，海水热乎乎的，所以，这里会有成千上万的蚊子生活着。

有许多蚊子偷偷溜进了实验室、餐厅和卧室，闹得人们睡不好觉，吃不下饭，更没有心情工作。

到了晚上，我听到每个房间放霰弹枪的声音。

出啥事了？没什么事，只是在打蚊子。

其实，子弹筒里装的并不是真的子弹，也不是铅霰弹，而是科学家们装了少量的火药和底火，塞上弹塞。接下来，在筒上面填满杀虫粉，再塞一个弹塞，只要杀虫粉不漏出来就可以了。

扣动扳机，"啪"的一声，杀虫粉像很细的尘土一样，一下子洒满了整个房间，不放过任何一个缝隙，这样虫子就全都被杀死了。

少年自然科学研究者的梦

在班里，一位少年自然科学家要向大家汇报工作，主题是：《森林和田地的破坏者——昆虫，我们怎样与它们作斗争》。他细心地收集资料，为作报告奠定了基础。

少年自然科学家说："为了更好地与昆虫作斗争，使用机械和化学方法的费用已经超过了 13700 万卢布。出动人力已杀死 1301 万只昆虫。如果把这些昆虫装入火车的车厢里，足足可以装满 813 节车厢。在与这些昆虫的斗争中，每一公顷土地上要投入 20 人至 25 人的劳动力……"

这位少年在看这些数字的时候觉得有些头晕。这么长的数字，简直像条蛇，还拖着很长的尾巴，在他面前晃来晃去，忽上忽下。

回到家里，少年只好蒙头睡觉。他受到了噩梦的折磨，一夜也没睡安稳：

成千上万的昆虫、幼虫和青虫，从黑乎乎的森林深处爬出来，快速爬过田间，把田地围得密不透风，看样子要毁掉整个田呀！他用手捏死了许多昆虫，还用水管把杀虫药水浇到昆虫身上，可是并没有减少昆虫的数量，它们还是无忧无虑地走着，它们走过的地方都成了荒地了。

少年研究员被这个场景吓醒了。

到了早上，事情并没有那么严重，也不怎么吓人。他在报告里建议大家，在"爱鸟节"到来的那一天，要做好大量的椋鸟巢、山雀巢和树洞型鸟巢。

许多小鸟捉昆虫、幼虫和青虫的本领可大了，人们捉昆虫的本事还不如鸟类呢，而且，鸟类是不会收费的。

做一个试验

人们常说，在没有任何遮盖，用铁丝网围起来的养殖场上，或者是在无盖的笼子上，从不同的方向拉起绳子，并让绳子交叉，这样，当猫头鹰和雕鸮到来时，在扑向猎物之前，会先落在绳子上面歇会儿。猫头鹰认为，这根绳子很牢固。可是等它落到上面时，就会倒栽跟头，那是因为绳子非常的细，又比较松。

这些猛禽出现倒栽时，头朝下，一直挂到第二天早上，这样，它也不敢煽动翅膀，担心会从绳子上掉下来摔死。等到黎明时分，你就可以轻松地捉住这个坏家伙。

这是否真实，你可以亲自试验一下。若是找不到绳子，可用比较粗的铁丝替代。

用鱼做预测

有一件很奇怪的事，如果你从河流和湖泊抓一些小鲈鱼，把它们放入鱼缸养着，或是放进大玻璃罐里，这样，你就可以预测到，今天要不要去抓鱼。很容易，在出发前，你只要喂一喂小鲈鱼就一清二楚了。

如果它们迅速抢食吃，就说明今天是个钓鱼的好时候，鱼儿容易上钩；如果它们不想吃食，说明河流和湖泊里的小鱼也不会吃食。同时，这也说明气压有了很大的变化，天快要下雨了，接着会有雷阵雨。

对气候和水温的变化，鱼类是最敏感的。根据它们的反常表现，可以对天气进行预测。

每个爱好钓鱼的人都要亲自试验一下，在屋里和露天情况下，是不是都准确无误。

天空中的大象

天上有一块云在快速地飘着，黑乎乎的，很像一头大象。不一会儿，它的鼻子托到了地上。刚一落地，就见地上的尘土飞起来了，并在半空中盘旋着，还不断地增大，到最后和大象的鼻子联结在一块儿了，形成了一根大柱子，上可以顶天，下可以接地。大象把这根柱子一口吞下了，又开始往前奔跑了。

大象跑到了小城的上空，停下来不走了。突然间，豆大的雨点就从它身上洒落下来了。雨还真大呀！这就是倾盆大雨！屋顶上、雨伞上都是"啪啪"的响声。这是什么敲得那么响呢？是一些小鱼、小蝌蚪和小青蛙，它们落在了大街上！但是它们却一会儿跳到这里，一会儿蹦到那里，多快乐啊！

事实上，这块如大象一样的黑云，主要借助从地上旋转着刮起来的龙卷风的力量，吸取了小河里的水，还有蝌蚪、青蛙和小鱼，一块带到了天上，跑了几千米后，把它们全都丢下来了。然后，大象又继续往前跑。

绿色的伙伴

在很久以前，我们的森林非常大，一眼看不到边。可是，以前的森林主人没有责任感，不知道珍惜自己的资源。他们乱砍滥伐森林，还占用土地。

那些没有树木的地方，就成了荒漠。田地失去了保护，风沙就会从沙漠那边吹来，给农田带来致命的伤害。滚烫的沙子把田地盖住了，庄稼经过这么一烫，全都枯黄了，再也看不到绿色，也没有谁来保护它们的安全。

湖边、小河边和池塘边都没有了树木，水洼里的水也干涸了，荒漠和峡谷开始扩大范围，并向田地进军。于是，人们开始向风沙、旱灾和沙漠下战书了。

绿色的伙伴——森林，成了我们最得力的助手。

无论哪里的河流、池塘和湖泊遭受烈日的暴晒，需要保护了，我们就把它们调到哪里当守护神。强壮的森林挺直自己的腰板，用自己茂盛的枝叶遮住阳光，不让阳光晒到它们。

心狠手辣的风沙，时不时从远处狂奔过来，带着热沙，把耕地都淹没了。人们开始在这里种植树木，来保护耕地。森林守护神开始向凶悍的风沙挑战了，它挺起宽大的胸膛，阻挡住了风沙的进攻，还为田地筑起了坚实、牢固的城墙，使得田地不受它的摧残。

哪里的土地松软，出现了坍陷，那么峡谷很快就会把那里的土地吞没，我们就会在那里植树造林。我们的绿色伙伴——森林，就会在那里长期居住下来，并用它的根牢牢抓住土地，不让峡谷肆意蔓延，不让峡谷吞没我们的田地。

与干旱的斗争还在进行着。

再次造森林

以前，季赫温斯基区的森林都被砍光了，现如今，那儿已经开始了造林运动。

云杉、松树和西伯利亚阔叶松，已经被种植在 250 公顷的土地上。可是在以前，有 230 公顷的土地上，乱砍滥伐使得树木几乎绝迹。

现在那儿的土地比较松软，这给那些砍剩下的树木的种子，提供了有利条件，以便它们更好地发芽，生长。

大约 10 公顷的土地上，种植了西伯利亚阔叶松。树苗很快长出了嫩芽。这种林木，为彼得格勒省增添了贵重的木材。

那里又建了一个苗圃，主要培育针叶树和阔叶树，这些是建筑用的好材料。

森林大战

（续前）

草种族和小白杨曾经遭受了云杉的欺侮，现在云杉又来欺侮小白桦了。

有一块空地，人们曾在这里砍伐过树木，云杉就是在这里成为霸主，它已经没有对手了。森林通讯员来到另外一块空地，这里的树木也遭受了工人们的砍伐，这是前年发生的事。

在那里，森林通讯员看到了霸主云杉，它在战斗开始后的第二年出现。云杉是强壮的，但也有两个不足点。

它的第一个不足点是根系向外扩张的范围很大，也扎进了泥土里，但扎得并不深。到了秋天，在那宽广的砍伐过的空地上，狂风怒吼着，刮倒了许多小云杉树，甚至把它们连根拔起。

它的第二个不足点是小云杉很不强壮，它非常的怕冷。小云杉树上的嫩芽，经不住寒冷的袭击，全都冻死了；有一些树枝很脆弱，凛冽的寒风吹过，也都被吹断了。春天来到了，在云杉曾经称霸的土地上，一棵云杉也找不到了。

云杉不一定每年都结种子。云杉虽获胜了，但这个胜利不是根深蒂固的。有一段时期，它们没有了战斗力。

第二年春天，生长迅速的草种族刚刚从土里钻出来，就开始了战斗。

现在，它们要与白杨和白桦战斗了。

　　白杨和白桦如今都长大了，也变得强壮了，不费吹灰之力就把那些小草从身上抖落下来。　那些小草把它们包围得严严实实，这对它们也有一些好处呢！　去年的枯草覆盖在地上，厚厚的一层，好像一个舒适的地毯，腐烂后散发出许多热量。　刚长出来的小草，遮盖住了小树苗，这是在保护它们，以免干旱侵犯它们脆弱的身体。

　　小白杨和小白桦生长迅速，矮小的小草追赶不上了，远远地落在后面。　它刚落在后面，就见不到阳光了。

　　每一株小树都高过了小草，很快把自己的枝叶伸展开，把草都盖住了。　小白杨和小白桦的枝叶，不像云杉那样稠密。　还好，它们的叶子比较大，可以形成较大的树荫。

　　如果小树长得比较稀，它们之间的距离较远，草种族还可以挺过去。　但是，在砍伐过的空地上，小白杨和小白桦却长得很密。　它们团结一致，共同战斗，把它们的手臂似的枝条都连接在一起，一排排围起来，犹如一个严密的绿荫帐篷。　小草由于得不到足够的阳光，很快就死去了。

现在，森林通讯员看到小草不见了，到处都是小白杨和小白桦的身影，这说明它们获得了胜利。

于是，森林通讯员来到了第三块空地上。他们看到了什么？将在下一期的《森林报》上刊登。

祝你钓到大鱼

钓鱼和天气

夏天，刮起大风，下起暴雨的时候，小鱼儿就会游到避风的地方，像深水坑里、芦苇丛里和草丛里。 如果一连好几天都在下雨，那么鱼儿就会游到安静的地方去，变得没有精神，也不想吃食。

天气比较热的时候，鱼儿就会找阴凉的地方去，如有泉水的地方，泉水冒上来时，使得周围的水变得凉凉的。 在烈日炎炎的时期，只有在清早或傍晚暑气减弱的时候，鱼儿才会吃食。

在出现干旱的时候，小河和湖里的水位有些下降，这时，

鱼儿会游到深坑里去。 在水深的地方，它们的食物比较少。因而，只要找到一个钓鱼的好地方，就可以钓到很多的鱼，尤其是用鱼饵去钓。

最好的鱼饵是麻油饼。 这要在平底锅里煎一煎，再把它捣烂，研磨成细末，再与燕麦、麦粒儿、米粒或豆子放在一起煮烂，然后添加到燕麦粥或荞麦粥里。 这样，就会散发出很香的麻油味。 这种气味是鲫鱼、鲤鱼和其他的鱼最喜欢的。 若每天在同一个地方撒上鱼饵，鱼儿就会记住吃食的地方。 以后，那些贪吃的鱼，如鲈鱼、刺鱼、梭鱼和黑鱼，就会跟来。

短时间的小雨或雷雨，会把水变得清凉，使得鱼儿有了胃口。大雾过后，在晴朗的好天气里，鱼儿也容易吃食，这时，收获也是很大的。

我们每个人都应会根据云的变化、晴雨表、鱼是否咬钩、很快消散的大雾和露水，对天气的变化进行预测。 紫红色的霞光，说明空气中的水汽比较多，要下大雨。相反的情况下，淡金红色的朝霞，说明天气比较干燥，4 至 5 小时内不会下雨。

乘坐小船钓鱼

除了平常用的浮标和普通鱼竿外，还可以乘坐小船来钓鱼。 先准备好一根结实的绳子约 50 米，一头接上钢丝和牛筋，还要准备一条假鱼。 把假鱼拴在绳子上，托到船的后面，距离船 20 至 50 米远。 船上必须要有两个人，一人划船，一人拉绳子。 可以把假鱼沉入水底，或是拖在水当中。

那些食肉的鱼，如鲈鱼、梭鱼和刺鱼，一旦发现游在它们头顶上方的假鱼，以为是真鱼，就会迅速游过来，一口吞下去。 这时，就拉动了绳子。 拉绳子的人感觉到有鱼上钩了，就开始往身边拉绳子。 拉的速度不要过快，以免鱼儿脱钩。靠这种方法捉鱼，可以捉到比较大的鱼。

在宽大的湖泊里，最适合用这种方法捉鱼的地方是灌木生长旺盛的陡峭的岸边，放着凌乱树枝的深水坑，还有河面比较宽广的水域，以及水草茂盛、芦苇密布的地方。

在河里钓鱼时，要沿着陡峭的岸边划船，或者是比较深的地方，并且水面平静，还要离石滩和浅滩远一些，或者在上游，或者在下游。 乘坐小船钓鱼，一定不要快速划船。 因为在没有风的情况下，小鱼能听到从远处传来的声音，这样鱼儿受到惊吓，就不容易吃食了。

捉虾的方法

捉虾最好的季节，是在 5 月、6 月、7 月、8 月。

想要捉虾，就必须对虾有全面的了解。

幼虾是通过虾卵孵化出来的。 虾产卵的数量足有 100 个。 虾卵都储存在雌虾的腹部里和尾巴后面的空腹里。 河虾有 10 只脚，最前面的是一对钳子。 虾卵会在雌虾身上度过寒冷的冬天。

在夏季到来时，虾卵就会裂开，孵化出幼虾，这些幼虾跟蚂蚁的个头差不多。 在以前，多数人都不晓得虾在哪里过冬，只有观察力强的人才知道。 现在，大家都知道了，虾是在河岸或湖岸上的小洞穴里过冬的。

虾在出生后的一年里，要蜕换 8 次外壳，长大后，一年换一次。 虾蜕掉外壳后，就赤裸裸地躲到洞里面，等到新的外壳长出来后，才肯出洞。 有许多的鱼类都爱吃蜕掉外壳的虾。

虾喜欢在夜间游荡，白天躲在洞里睡觉。 但是，只要它感觉到猎物出现时，就顾不上白天黑夜了，马上从洞里跑出来捕捉猎物。 在某些时候，你可以看到从水底冒出来的气泡，这说明虾在呼气。 水中的小鱼儿、小虫儿，都是虾的猎物。 它最喜欢吃的是腐烂的肉。 在水下，它能闻到离自己很远的腐肉的气味。

在捉虾的时候，要用它最爱吃的饵料：一块腐肉、死青蛙或死鱼。 天黑下来后，虾就会从洞里跑出来，开始在水下寻找食物吃。 这时，我们可以捉到大量的虾。 虾在受到惊吓时，就会退着逃走。

饵料要在虾网上固定好。 虾网要用两根直径约 30 至 40 厘米的木箍或铁丝箍绷紧。 以免虾进入网后，把腐肉拖走。 用一根较细的绳子把虾网绑在长竿的一头，把它放到水底。

在虾比较多的地方，很快就有许多虾来吃食，一旦钻进网子里，就再也出不来了。

还有一些复杂的方法，不过有一种是比较简单并且收获不小的方法：在水浅的地方寻找虾，找到后，用手捏住虾的背，把它从洞里拽出来。 有时，虾会钳住你的手指头，这不值得大

惊小怪的。 我们这个
方法不是向胆小鬼推
荐的。

　　如果你还带着锅、
葱和茴香，那你可以随
时在河岸上，烧一锅开
水，把虾放进去，再放入葱和茴香，煮着吃。

　　在夏夜的星空里，若是在河边煮虾吃，那真是美极了！

农庄生活

黑燕麦长高了，已超过了人的身高，现在，它已开花了。

在麦地里，雄山鹑带着雌山鹑快乐地游玩，像在森林里一样；后面紧跟着它们的孩子，一个个像黄色的小毛球。它们刚孵出来，就从巢里跑出来了。

这是割草的好时候，人们都在忙着割草。有的地方用镰刀，有的地方用割草机。割草机"嗡嗡"地从面前驶过，还不停地挥动着胳膊。这样，散发着芳香的牧草在它的后面倒下了，一行行排得很整齐。

在菜园里，畦垄上的葱生长得很旺盛，绿油油的一排排。小孩子们已经开始拔葱了。

采浆果是小女孩和小男孩最喜爱的劳动，所以，他们就一块去了。这个月才开头，在阳光照射到的地方，那里的草莓已经成熟了。现在，草莓还真多呀！树林里的酸梅果也快成熟了，桑椹果也快成熟了。在一片沼泽地里，长满了苔藓，还有一些长得圆实的桑旋子，也从青色变成了红色，又从红色变成了金黄色。你喜欢吃什么样的浆果，就去摘吧！

孩子们想采得多一些，但是家里还有很多活要干，要去挑水浇菜园，还要除草。

农庄新闻

牧草的苦衷

牧草在向大家诉苦，说它们总是受到人们的欺侮。

有些牧草准备开花，有些已经开了，从穗子里伸出了一个柱头，像白色的羽毛一样，花茎非常的细，上面挂满了花粉。但在不经意间，来了很多人，三两下就把牧草割完了。它们没有机会开花了，还得继续生长下去。

森林通讯员做了认真的调查发现，人们把割回来的草晒干，这是为牲口过冬准备的食物。因而，人们不等牧草开花，就已齐根割下，这并没有错。

神奇的水

有一种神奇的水喷洒到杂草身上，杂草很快就死去了。这对它们来说，可是致命的水。

但是，喷洒到谷物身上，什么事也没发生，谷物没有死，反而更加茁壮地成长，看它多么高兴啊！这对于谷物来说，可是生命之水呀，对它们没有任何伤害，还能改善生活状况，还为它们消灭杂草。

受伤的两头小猪

在村子里，有两头小猪在散步，它们不小心被太阳灼伤了后背，很快就起了水泡。于是，迅速请来兽医给小猪疗伤。

在炎热的日子里，不再让小猪出去散步，就是有猪妈妈跟着也是不可以的。

度假的人神秘失踪

村子里，来了两位避暑的女人。 可是在前不久，这两个女人神秘失踪了。 找了很长一段时间，最后在离村子 3000 米的干草垛上找到了。

原来这两个度假的女人迷路了。 一大早，她们到河里游泳去了，去的时候是从亚麻地里穿过的，那时亚麻还开着蓝花。中午时分，她们要往回赶，就开始寻找开着蓝花的亚麻地，找了很久，都没有找到。 于是，她们就迷路了。

这两位女士并不了解亚麻。 亚麻是早上开花，到中午的时候就凋谢了，这时亚麻地就从蓝色变成了绿色。

母鸡的功劳

一大清早，村子里的母鸡就要旅行了。 这次还不错，可以乘坐汽车，但还是要住进自己的房间里。

母鸡的栖息地是在田地里，那里的麦子已经收割完了。 地上有一些麦秆根和麦粒。 为了不让这些麦粒浪费掉，就把母鸡请到这里来帮忙。

这里也就成了临时的母鸡村，随时都可以搬家。 等母鸡把地上的麦粒捡完了，就会搬到新的地方去。

绵羊妈妈的担忧

人们要把小羊带走了，绵羊妈妈心急如焚。 不过，这样也好，小羊已经长高了，总不能还跟着妈妈呀！ 应该让它们适应独立的生活了。 在以后的日子里，小羊们要独自吃草了。

快乐的旅行

浆果都已成熟了，有树莓、板栗和茶藨果。 它们到了动身的时间了，要赶往城里去。

走远道，板栗并不担心，它说："先带我去，我的身体强壮，能坚持住。 我们现在就去，越快越好，趁现在还没熟透，我还比较坚硬。"

茶藨果说道："把我包好一些，我也可以到达目的地。"

树莓就不一样了，它是第一个害怕的，它说："你们不要动我了，把我留在家里吧！一下子走那么远的路，太累了，我害怕还没到地方，就已经走不动了。 我最怕的就是颠簸。 经过一段时间的颠簸，我就会成为泥浆的。"

不规范的餐厅

在池塘里，有几处标语显露在水面上。 这是一个用木头做的标语牌子，上面写着"小鱼儿的餐厅"。 在所有的水底餐厅里，都摆放着有棱有角的大桌子。 可是没有椅子。

每天早上，在木牌周围，这块水域就像炸开了锅，小鱼儿都在等着吃早餐。 鱼儿是什么也不讲的，它们你争我抢地乱成了一锅粥。

7时左右，厨师乘坐小船给它们送饭了。 有马铃薯、草末儿、小虫子和其他好吃的东西。

在这段时间，餐厅里的鱼儿可真多呀！ 每个餐厅里大约有300条鱼在吃饭呢！

少年自然科学研究者讲的故事

我们的村子在一片小橡树林旁。 林子里很少有杜鹃飞来。即使有，也只是叫几声，然后就不见它的踪影了。 今年夏天，我经常会听到杜鹃的叫声。 在这个时候，人们把母牛赶到这里来吃草了。

中午的时候，有个牧童跑过来，气喘吁吁地说道："牛疯了！"我们赶快跑到林子里去，到那里时，已经是一团糟！

那场面很吓人的，母牛到处乱跑乱叫，用尾巴不停地打着背，不知东西南北地往树上撞。 它们这样会把头撞烂的，也有可能会把我们踩伤。

我们尽快把牛赶到别处去。 这是怎么一回事啊！

原来是毛毛虫的恶作剧。 身上全是棕黄色软毛的大毛虫，有些像小野兽，每一棵橡树上都有这种虫。 有些树上已经没有了一片叶子。 毛毛虫身上的毛掉下来后，微风吹过，到处乱飞，迷住了牛的眼睛，扎得牛很痛。 这可真是让人毛骨悚然呀！

这儿的杜鹃还真不少呀！哎呀，真是让我开了眼界啦！ 我还从未见过这么多的杜鹃！ 还有背上带黑条纹的黄鹂，以及有蓝色翅膀的桃红色松鸦。 周围的鸟都飞到这里来了？

你猜结果会是什么样？ 橡树都好起来了。 不足一周的时间，飞来的鸟儿把毛毛虫都吃光了。 鸟儿的功劳可真不小啊！不然，我们这片橡树林就要毁于一旦。 这真是太可怕了！

◉尼·巴布罗娃

追 猎

不好对付的敌人

夏天去打猎，其实不是真的打猎，好像是在进行着激烈的战斗。 夏天，人类的敌人比较多。 如果你有一个菜园子，种了许多蔬菜，也经常为它浇水。 但是，你是否能保证菜园不受侵害呢？

做个稻草人也可以赶走敌人，但还不够。 稻草人只能帮你赶走麻雀和其他的小鸟儿，事实上，效果不太好。

有一些敌人，潜伏在菜园里，稻草人吓不到它们，就是人们拿着枪也无可奈何，就是用木棒也打不死它们，开枪也不会把它们打死。

要完全战胜它们，只有运用一些计谋，还要把目光放亮一些，时刻都要防备着它们。 它们的个头虽小，破坏性却非常大，别的敌人都不如它。

菜园子里的跳甲虫

我们的菜地里出现了小黑甲虫，它的脊背上有两道白条纹，像跳蚤一样跳来跳去。 哎呀！ 不好了！ 菜园子要遭殃了。

这位让人心惊胆战的敌人就是跳甲虫。 2 至 3 天的时间，就可以毁掉几亩地的菜园子。 它们很喜欢啃咬嫩叶，被咬过的叶子上全是洞，菜叶好像成了一块花纹布。 这样，我们的菜园子就会毁于一旦。 萝卜、兰花菜和油菜也怕它。

消灭跳甲虫

我们与跳甲虫展开了激烈的战斗。 首先要准备好战斗的武器：找一根长矛，在上面系一面小旗，小旗的两面要涂上胶水，在下方约 7 厘米的距离不涂胶水。 这样，我们的武器就做好了。

拿着它来到菜园里，来回在菜园里走动，并左右挥动小旗，把没有涂胶水的地方贴着蔬菜。

跳甲虫就会向上跳，这时，全都粘在了小旗上面。 但这并不是获得了全面胜利。 还有很多敌人，正在向菜园子进攻。

第二天早上，在露水还没有干时，就得早早起床，用筛子把烟灰、炉渣或石灰粉撒到蔬菜上面。

整个农庄的菜园子的撒灰工作，不是人工来完成的，而是用我们的小型飞机来完成的。

有翅膀的敌人

我们认为跳甲虫很可怕，还有更可怕的呢！ 这个更可怕的敌人就是蛾蝶。 它们鬼鬼祟祟地在蔬菜上产卵。 卵成长为幼虫后，就会毫不留情地啃咬菜叶和菜茎。

有几种蛾蝶危害最大：有白天出现的体形比较大，翅膀为白色，略带黑点的菜粉蝶，还有萝卜粉蝶与菜粉蝶的颜色很相像，它的体形要小一些。在夜里活动的有甘蓝螟，翅膀向下垂，身体比较小，前半部发黄，有些像赫石以及甘蓝夜蛾，身上的毛是棕灰色的，很柔软，还有菜蛾，全身是浅灰色的毛，体形较小，有点像夜蛾。

要完全消灭它们，比较简单，只用手捉就行了。若是找到了它们的卵，放在一起，用手把它们压碎。还有一个方法，就是在菜叶上面撒上烟灰。

上面这些敌人不算什么，还有比它们更为可怕的，它们并不啃咬蔬菜，而是直接向人攻击。它们就是人们在夏天常见到的蚊子。

在水洼里，或在死水里，有一种身体很小，长着许多软毛的虫子，在水里来回游动。还有蛹，人的眼睛很难看到，它们的身子很小，头比较大，使得整个身子不协调，头上还长有一对小角。这就是蚊子的幼虫和蛹。

在这个死水滩里，还有蚊子的卵，有的粘在了一起，如同小船在水里漂浮着，有些卵在水草上附着。

两种不同的蚊子

这里有两种蚊子，有一种是普通的蚊子，它在人的皮肤上叮咬后，皮肤上会起个扁疙瘩，只是有些痛痒，并无大碍。另一种蚊子，则让人有些害怕，它叮咬后，人就会患上瘴气，科学家把这种病叫做"疟疾"。得了这种病的人先是发冷，全身开始抖动，接着又发热。 过一段时间，感觉轻松多了。 可是两天过后，又复发了。

这种蚊子就是可怕的疟蚊。 图中右边的那只蚊子就是疟蚊。

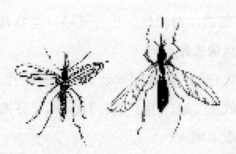

从它们的外表上看，和别的蚊子没有多大区别。 但有一点，雌疟蚊长着一对触须，它的吸吻上带有大量的病菌。 如果疟蚊叮咬了人，病菌就会进入人的血液里，血液的功能就会遭到破坏。 因而，人感觉不舒服，也就得病了。

科学家用显微镜进行了观察，在对蚊子的血液进行研究后，才明白了其中的道理。 这是用眼睛无法看到的。

消灭蚊子

蚊子非常多，如果只用手去打，这要打到什么时候？ 在蚊子还是幼虫的时候，科学家就开始想办法对付它们了。

在沼泽里，把玻璃瓶灌满水，水中要带有蚊子的幼虫。 接着，滴几滴煤油，观察有何变化。 煤油很快在水面上散开，幼虫也开始游动。 头大一些的蛹，偶尔会沉到水底，偶尔会从水底快速游上来。

蛹和幼虫想冲破煤油层，都使出了全身的力气，可是，煤油把整个水面都盖住了，没有任何的空隙。 最终，它们没有冲破煤油层，无法呼吸，窒息而死。 人们在与蚊子作斗争时，就运用了这个方法。

在靠近沼泽的地方，人们经常睡不好觉，因为这里蚊子比较多。 要想不被蚊子打搅，就必须往水里倒煤油。

每个月都往死水里倒一次煤油，就可以把蚊子的幼虫和蛹全都杀死，这样，蚊子就少了许多。

奇怪事儿

我们这里有一件奇怪事儿：

一个牧童跑回来，大声说道：“野兽把一头小牛咬死了！”

农庄的人都大叫了起来，挤奶的女工还落下了泪。 这头小牛是我们最喜欢的牛，它还在展览会上得过大奖呢！

大家都停下了手中的活儿，快速向牧场跑去。 我们看到，小牛躺在一个角落里，就在林子边上。 小牛的乳房给咬掉了，脖子里有很多伤痕，别处都还是完整的。

“肯定是熊咬死的，”猎人谢盖尔说，“熊就是这个样子，咬死后，不立即吃掉，要等尸体腐烂了才吃。”

“对，就是这样，”猎人安德烈也说，“这无需争议了。”

“大家都先回去吧，”谢盖尔说，“我们可以在这棵树上搭一个棚子。 熊即使今天晚上不来，明天晚上也会来的。”

大家说到这儿，想到了塞索伊奇这位猎人。 虽然他身材小一些，在人群里并不明显。

谢盖尔和安德烈问塞索伊奇道，“跟我们一块守，行吗？”

塞索伊奇没有回答。 他转过身去，认真地察看地上有没有线索。

"不可能，"塞索伊奇说，"熊不可能来这儿的。"

谢盖尔和安德列齐声说："随便你怎么看都行。"

农庄的人都散去了，塞索伊奇也离开了。

那天，谢盖尔和安德烈砍了一些树枝，在附近一棵树上搭了个棚子。

这个时候，他们两个看到，塞索伊奇拿着猎枪朝这边来了，后面还跟着猎狗。 他又对小牛遇事的现场进行了察看，不知为何，还对周围的几颗松树察看一番。 然后，他离开了这里，向树林走去。

那天夜里，谢盖尔和安德烈首先躲在棚子里，等待野兽的出现。

他们在那里守了一夜，也没有见到什么野兽。 接着又守了一夜，仍然没有看到。 第三天晚上，还是没有出现。 此时，他们两个有些急躁，于是，就坐在上面聊了起来。

"也许会有发现，可是我们什么也没看到，但塞索伊奇看到了。 他的话可信，熊有可能不来了。"

"我们向他打听一下，不就知道了吗！"

"是问熊的情况吗？"

"为何要问熊？ 应该去问塞索伊奇。"

"别无他法，那只好去向他打听了。"

他们就要去找塞索伊奇，这时，塞索伊奇从树林里回来了。

塞索伊奇把肩上的大布袋往地上一放，拿一块布开始擦他的火枪。

谢盖尔和安德烈说道："你的看法是正确的，熊一直没有出现。 这到底是怎么一回事呢？ 我们想向您请教。"

"你们可能不知道这样的事，"塞索伊奇反问道，"熊把牛咬死后，只吃掉牛的乳房，并没有吃牛的肉？"

他们两个无以应答，你看着我，我看着你。 熊根本不会这样做。

塞索伊奇又问道，"你们仔细看过地上的脚印儿吗？"

"当然看过。 脚印比较大，宽约 20 厘米。"

"脚爪真的很大？"这句问话更让他们两个一头雾水。

"脚爪印真的没有看到。"

"是呀！ 如果是熊脚印的话，那很容易看到。 现在听听你们的看法，在走路时，哪种动物会把自己的脚爪缩起来走？"

谢盖尔没有任何考虑，脱口而出，"狼！"

这时，塞索伊奇哼了两声："你真会辨别脚印啊！"

"瞎说！"安德烈说，"狼脚印跟狗的差不多。 狼的稍大一些，长一些，也比较窄。 那是猞猁，只有猞猁走路时，才会缩起脚爪子，猞猁的脚印才是圆的。"

"对呀！"塞索伊奇说，"就是猞猁把牛咬死的。"

"你不是在开玩笑吧？"

"要是不相信，看看我背的是什么。"

他们两人赶快跑到塞索伊奇跟前，把背包打开，眼睛都不眨一下。 这真是一张猞猁的皮，上面还有灰黄色的斑点！

这么说来，就是它咬死了我们的小牛！

关于塞索伊奇如何追到猞猁，如何把它打死，我们不太清楚，这只有塞索伊奇本人和他的猎狗知道。 但是，他们什么也不说，也从不对别人讲起。

猞猁能够咬死小牛，一般情况下，不会出现这样的事。 可这里就发生了这样的奇怪事儿。

各方呼叫

无线电通讯

呼叫！呼叫！

这里是《森林报》编辑部。

6月22日，是夏至日，也就是一年当中白天最长的一天。今天我们要举行一次无线电通讯。

我们向苔原、森林、草原、沙漠、海洋和山川发出了呼叫信号！

现在正值盛夏，白天最长，夜晚最短的时候，请你们说说，你们那里有什么情况？

收到！收到！

北冰洋群岛收到

你们说的黑夜到底是怎么一回事呀？ 黑暗和夜晚，我们全然不记得了。 在我们这里，一天24小时都是白天。 太阳升起来，落下去，但却不会落到山脚下。 这样一直会持续 3 个月。

由于这里没有黑暗，光照时间长，因而，这里的水草生长旺盛。 其他地方一般是一天一天地长，而在这里，每一小时都在长，叶子肥大，花儿开得也比较多。 沼泽里的苔藓也非常多。 石头上面都长满了各种各样的植物。

苔原醒了。 是的，我们这里没有漂亮的蝴蝶、好看的蜻蜓、行动迅速的蜥蜴、青蛙的叫声和蛇的出没。 没有冬天躲到地底下过冬的动物。 我们这里的大地都被冻住了。 在夏季，也只有地面上的这层解冻。

许许多多的蚊子在苔原上空飞行，因为这里没有蝙蝠出现，也就没有了蚊子的敌人。 若是蝙蝠真的飞来了，在这里也住不下去。 那是因为蝙蝠要在夜间捕捉蚊子，白天躲在洞里睡觉。 而我们这里没有夜晚。

在这些岛屿上，野兽的种类不是很多。 只有短尾鼠、小白兔、狐狸和驯鹿。 有时，北极熊也会到这里寻找猎物。

这里比较多的就是鸟儿，成群结队，多得都数不清了。 有些背阴的地方，积雪还未完全融化，鸟儿已经飞来了。 有百灵、北鹨、雪鹀、鹡鸰等。 还有鸥鸟、潜鸟、野鸭、鹬、大雁、海鸟，样子古怪的花魁鸟，还有其他各种各样的鸟儿，有的你可能没有听到过或见到过。

这里都是鸟的叫声、喧闹声和歌声。 整个苔原都是鸟儿的天下。 有些石头上面挤满了鸟巢，一个挨着一个，就连一个蛋能占的地方都没有。 这里的喧闹声，犹如一个鸟市。 若是有猛禽来攻击，它们就会一起飞起来，向猛禽扑过去，鸣叫着，那声音似乎要吃掉猛禽。 它们的嘴啄过去，像雨珠一样。 它们要竭尽全力保护自己的孩子。

现在，你看我们的苔原多快乐呀！

也许你会这样问："苔原上没有了夜晚，那鸟儿什么时候休息，什么时候睡觉呢？"

它们似乎没有睡眠时间，也没有时间去睡呀！ 打个盹

儿，就又开始工作了。 有的照顾孩子，有的搭建自己的窝，有的在孵蛋。 每个人都有很多的活儿，从不浪费一分一秒，因为这里的夏季时间比较短。 到了冬天，再去睡觉也不晚，可以睡一年的觉。

中亚西亚沙漠收到

我们这里刚好相反，正是睡觉的时间。

我们这里，阳光非常的强烈，许多植物都给晒死了。 我已记不起最后那场雨是何时下的。 令人惊奇的是，草木并没有全部死去。

带刺的骆驼草，已生长到半米高了，面对太阳的炙烤，它把根扎进很深的地下，深约五六米，这样，它就可以吸到充足的水分。

还有一些灌木和草，长满了绿色的绒毛，这样散发的水分就少了。 我们这里生长的林木，一片叶子也没有，只有那细细

的枝条。

狂风刮起，沙漠中的尘沙像黑云一样，遮住了太阳。 突然间，只听到惊叫声和喧哗声，犹如千万条蛇在叫。 但这不是蛇，是树木摇摆发出的声响。

小蛇这会儿正在睡觉。 小金花鼠和黄鼠最怕的草原沙蛇，也都钻到沙子里面睡觉去了。 小野兽们也在睡觉。

小金花鼠的腿细长，挖好洞后，用土块把洞口堵上，以免阳光射进来，接下来，一整天都在洞里睡觉，只有早上出来活动找食吃。

这个时候，它要跑很远的路，费很大的劲，才能找到一棵活着的植物。 于是，小金花鼠就钻到了地底下，开始了长期的睡眠，睡过夏天、秋天、冬天，直至第二年春天，才结束它的睡眠。 在一年里，只有 3 个月的时间出来活动，其他的时间都用来睡觉。

蜈蚣、蜘蛛、蚂蚁、蝎子，为了不被太阳晒到，都躲起来了。 有的在石头下面躲着，有的在背阴的地方躲着，有的钻入了地下，到了晚上才爬出来。 行动迅速的蜥蜴和爬行缓慢的乌龟，这个时候，也都看不到了。

野兽搬家了，搬到靠近水源的地方住了。 鸟儿也把雏鸟养大了，并带着它们飞走了。 还未离开的，只有飞行速度较快的鹌鹑，它们可以飞到很远的小河边，自己喝足后，再把自己的嗉囊装满水，带回去喂雏鸟。 这么远的路程，对于它们来说，不费吹灰之力。 待雏鸟长大后，它们就会离开这个鬼地方。

只有人类才不怕沙漠。 人们已经掌握了科学技术，在能够挖掘水渠的地方，也都挖出了水渠，把山上的水引到这儿，让那荒无人烟的沙漠，变成绿洲，变成农田，变成果园。

在那片沙漠中，狂风成了沙漠的主人，它可是人类最大的敌人。它可以移走沙丘，掀起巨大的沙浪，若要往村子方向移动，可以把房屋全部掩埋。

人们并不畏惧风，人们已经和水、植物联合起来，共同与狂风作斗争，还给风规定了区域，不许它越过这个区。在人工灌溉的地方，树木生长得很旺盛，如同坚固的城墙，青草把细根扎进土里，牢牢抓住沙子，这样，沙丘就不会乱跑了。

在我们看来，沙漠的夏天和苔原的夏天不太一样。太阳高高悬挂着，可是动物们都在睡觉。动物们在受尽了太阳的折磨后，于夜间出来呼吸新鲜空气。

乌苏里大森林收到

我们的大森林有些特别，与西伯利亚的原始森林和热带雨林都不太一样。松树、落叶松和云杉在这里生长着，还有身上缠绕着葎草和野葡萄藤的阔叶树。

这里还有许多的野兽。有驯鹿、羚羊、棕熊和西藏黑熊、猞猁、野兔、豹子、老虎和狼等。

鸟类也非常多。毛色好看的松鸦和美观的野雉鸡，俄罗斯灰雁和中国白雁，野鸭和生活在树上的鸳鸯，还有长嘴巴的略显白头的朱鹮。

在白天，森林里面阴暗潮湿，茂盛的树叶和枝条形成了一个大帐篷，阳光透不过来。我们这里的夜非常黑，白天也是

乌黑的。

有些鸟儿在孵蛋，有些鸟儿在教幼鸟捕食的技能。

库班草原收到

我们的田地比较平坦，一眼望不到边，我们的收割机和马拉收割机正忙着收割庄稼。今年的收成比较好。货车已经把我们的收成运出去了。

刚刚收割完，老鹰、雕和兀鹰在上空盘旋着。这个时候，它们可以很好地袭击庄稼的敌人，老鼠、田鼠、仓鼠都没有那么猖狂了。此时，从远处就能看见它们伸出了头。回想起来，都让人觉得可怕，庄稼未收割时，它们吃掉了多少粮食啊！

现在，它们又开始忙活起来，捡地上的麦粒，把自己的仓库装满为止，以便更好地度过寒冷的冬天。野兽们也不甘落后，狐狸在捕捉老鼠。草原鼬鼠对我们非常有益，它们对所有的啃咬动物，都进行猛烈的打击，一点都不手软。

阿尔泰山脉收到

有一个很深的大峡谷，那里让人闷得透不过气。 早上，露水在太阳的照射下，很快就蒸发掉了。 到了晚上，草地上方大雾弥漫。 水蒸气上升，把整个山坡都打湿了。 水汽遇到冷空气，又很快形成白云，漂浮在山顶，非常壮观。 在早晨，你总会看到山顶上云雾弥漫。

白天太阳照射强烈，水蒸气遇热就会变成水滴，顿时天空中乌云密布，雨点"哗哗"地落下来。

山上的积雪开始融化了。 而在那最高的山顶上，积雪不会融化，所以就有了冰川。 那里非常冷，即使是中午的阳光也很难使那里的积雪融化。 在山下，雨水和融化的积雪汇集成一条条小溪，沿着山坡不停地奔流，最后从悬崖上倾泻下来，流入大河。现在，河里的水迅速暴涨，冲破了堤坝，在平地上泛滥。

山里的植物比较丰富。 较低些的山坡上是森林；往上一些是比较肥沃的草场；再往上，那里生长着苔藓和地衣；最高的山顶上，与北极一样，那里的积雪常年不化，一直都是冬天。

在最高的山顶上，没有野兽在那里生存。 偶尔会有兀鹰和雕飞到上面去，用锐利的眼睛搜寻着自己的食物。 稍微低一些的地方，好像是一座大厦，有许多楼层，里面住满了居民。 它们都住进了适合自己的楼层，为自己找到了一个舒适、安稳的家。

最高层是光滑的岩石层，雄野山羊就爬到这里居住。 在下一层居住的是雌山羊和小山羊，还有山鹑。

在肥沃的草场上，山绵羊在那里开心地吃草，雪豹却在它的后面跟着。 这里还聚集了旱獭和鸣禽。 再往下一层，就是森林了，这里生活着松鸡、榛鸡、鹿和熊。

在以前，人们只在很低的地方种植庄稼，现在，人们开始在很高的地方开荒种地了。 在这么高的地方，无法用马来耕地了，而是用高山上的牦牛耕地。

我们不管费多大劲，有多辛苦，就是要从开垦的耕地上获得最大的收成。 我们会做到的！

海洋收到

我们伟大的祖国三面濒临海洋。 北面是北冰洋，东面是太平洋，西面是大西洋。

我们乘坐轮船，穿过芬兰湾和波罗的海到达大西洋。 在这里，我们经常会遇到外国的船只，有英国的、丹麦的、挪威的、瑞典的、德国的。 这些船有的是邮船，有的是商船，还有渔船。 可以在这里捕捞鳖鱼和鲱鱼。

从大西洋起航，来到了北冰洋。 沿着欧亚两洲的海岸线，就是北方航线。 这儿是我们的领海，是勇敢的俄罗斯人开辟的航线。 这里被厚厚的冰给封住了，随时都会有生命危险，因而，在以前，人们认为这是条死路，无法打通。 但如今，我们驾驶着许多船只，由破冰船开道，沿着这条航线航行。

这里非常荒芜，但却可以看到神奇的景色。刚开始我们经过大西洋的暖流。前面就是漂浮的冰山，在太阳的照射下闪闪发光，照得人眼睛都睁不开了。我们捉到了许多鲨鱼和海星。

再往前行，这股暖流转而向北，流向北极地区。那里有宽大的冰原，在水面上缓慢地移动着，有时合在一起，有时会分开。我们的飞机在上面进行侦察，并向船只发送信息，告诉他们哪里容易通过。

在北冰洋的岛屿上，有成群结队的大雁，它们正值脱毛期，身体非常虚弱。它们翅膀上的翎都脱落了，无法飞行，很容易就把它们赶进网里去。我们看到了海象，刚从水里钻出来，在冰面上休息。还看到了长相古怪的海豹。有一种海豹，头上有个大皮囊。它们会突然把气囊吹鼓，仿佛戴着大头盔。还有让人害怕的逆戟鲸，它们长着锋利的牙齿，行动敏捷、迅速，它的猎物是鲸和幼鲸。

在这里，我们就不再谈论鲸了，留到下次谈吧！到了太平洋时，我们再来谈论它，那里比较多。

现在，我们再会了！我们的夏季无线电通讯到这里就结束了。下次的播出，会在 9 月 22 日进行。

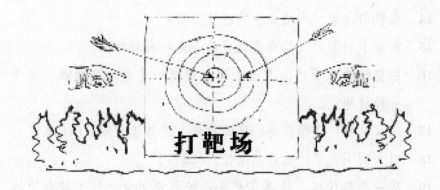

第四场竞赛

1. 按照日历，夏季是从哪一天开始的？这一天的特点是什么？

2. 哪一种鱼会亲自做巢？

3. 哪一种动物在草和灌木丛里做巢？

4. 哪一种鸟自己不会做巢，就在沙地
   上、土坑里下蛋？

5. 右边这种鸟的蛋是什么颜色的？

6. 蝌蚪是先长出前脚，还是先长出后脚？

7. 刺鱼身上的刺是怎样分布的？一共有几根？

8. 从外观上来看，金腰燕和家燕做的巢有何不同？

9. 为什么不能用手直接捣鸟巢里的蛋？

10. 雄萤火虫有翅膀吗？到晚上，请你用玻璃杯罩住一只雌萤
    火虫。它发出的光会把雄萤火虫招来。

11. 在自己的窝里铺一层鱼刺的是什么鸟？

12. 燕雀、金翅燕和柳莺的窝搭在树杈上，为何这么隐蔽？

13. 在夏季，是不是所有的鸟都孵一次雏鸟？

14. 在我们这里，有捕食生物的植物吗？

15. 在水下利用空气给自己做巢的是哪一种动物？

16. 在自己的孩子还没有出生时，就交给了别人来抚养，是哪一种动物？

17. 一只老鹰，飞得很高，张开翅膀，遮住了太阳。（谜语）

18. 树木倒下去了，山站起来了。（谜语）

19. 那一串串珠宝，挂满了枝头，若是没了它，肚子就会"咕咕"叫。（谜语）

20. 一屈一蹦，"咕咚"一声，水花四溅，不见踪影。（谜语）

21. 推不动，拉不走，时间一到，自己就跑了。（谜语）

22. 只见拔草，不做草鞋。（谜语）

23. 没有身子还能活，没有舌头还可以说话；谁也没见过它，可都听到过它的声音。（谜语）

24. 不是裁缝，不会缝衣，却总把针带在身边。（谜语）

通 告

"神眼" 称号竞赛

谁在这里住着？

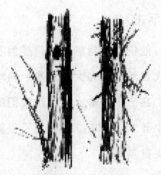

图1　　　图2

在图里有两个树洞，都有虫住在里面。认真观察，你是否判断出这两个树洞里都是什么虫的巢？

图3

在这个小堆的底下住着什么动物？

图4

这些沉穴里住着什么动物？

图5

这棵树上的巢，是谁用草瓦筑的？

这两个洞大体相同，是同一动物挖的，可却住着不同的动物。每个洞里都住着哪种动物？

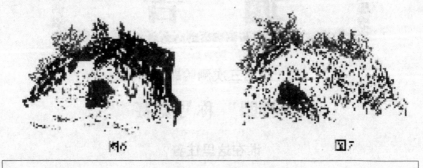

图6　　　　　　　　　　　　图7

要保护好我们的朋友！

在我们这里，小朋友们经常会掏鸟窝，他们没有目的性，只是为了好玩。他们没有意识到自己的行为，会给大自然带来多大的危害。科学家计算得出，每一只鸟，即便是最小的鸟，在一个夏季，也会给我们的农业和林业带来好处。每个鸟窝里，会有4至24只雏鸟。你自己可以算一算，捣毁一个鸟窝，这给国家造成的损失有多大？

小朋友们！我们来成立一只鸟巢保护队吧！

我们组建好队伍后，就要尽职尽责，保护好我们的鸟巢，不让别人去捣毁它。不要让猫跑到灌木丛和树林里去，因为猫儿喜欢捕捉小鸟，还可能会捣毁鸟蛋。要大力宣传为什么要保护鸟类，鸟儿是如何保护我们的农田、森林和果园的，它们是如何捉害虫的，鸟儿是如何成为捉虫的专家的！

森 林 报

No. 5

7 月 21 日——8 月 20 日

雏鸟出壳月
（夏季第二月）

太阳进入狮子宫

栏 目

一年 12 个月的阳光组诗

7 月，正是炎热的夏季，它不辞辛苦地忙碌着，已经忘记了什么是疲倦，它要求荞麦向大地鞠躬。燕麦穿上了长袍，黑麦可什么也没穿！

绿色的植物很聪明，能够利用阳光来装扮自己的身体。小麦和荞麦成熟后，犹如金色的海洋。如果我们储藏起来，足够吃上一年。我们在为牲口准备干草，那些生长旺盛的青草割完了，在草场上堆起了一座座干草垛。

鸟儿们都沉默不语，也没有闲工夫唱歌了。现在所有的巢里都有了幼鸟。在它们刚出生时，身体非常光滑，还没有长毛，眼睛也没有睁开，这要父母很长时间的照顾才行。

不管是地上、水里、林里，还是空中，都有幼鸟的食物，够大家填饱肚子了！

在森林里，到处都是香甜的果实。有草莓、酸梅和覆盆子。在南方，生长着金黄色的云梅；在北方的果园里，有樱桃、杨梅和草莓。草场脱掉了金色的衣服，换上了漂亮衣服，白色的花瓣反射的太阳光非常耀眼。

这个时候，我们不能与太阳神开玩笑，因为它的爱有一种伤害性，会把受抚摸的人灼伤。

森 林 记 事

谁的孩子多呢

在罗蒙诺索夫城外的森林里，有一只雌麋鹿在那里生活着。今年，它生下了一只小麋鹿。

有一种雕，它的尾巴是白色的。它也生活在这个森林里，巢里有两只小雕。

黄雀、燕雀和鸫鸟，它们各孵出 5 只小鸟。

啄木鸟有 8 个孩子。

长尾山雀孵出 20 只小鸟。

野山鹑有 20 个孩子。

在刺鱼的巢里，每一个鱼卵都孵化出一条小刺鱼，足有 100 多条。

一条鳊鱼下的卵，可以孵化出几十万条小鳊鱼。

一条鲟鱼孵化出的小鱼，数目比较多，有几百万条呢！

失去亲人的孩子们

鳊鱼和鲨鱼有着共同的爱好，总是把自己的孩子抛下不管。它们一旦生下鱼子，就不知去向了。小鱼如何孵化，如何找东西吃，都要靠自己。 若是你有上百万个孩子，不这样做怎么能行呢？ 你不可能每个孩子都照顾到。

一只青蛙有 1000 个孩子，因而，它也不管它的孩子。

事实上，没有亲人的照顾，它们要生存下来比较艰难。 水里有许多坏家伙，它们喜欢吃鱼子和青蛙卵，以及美味的小鱼和小青蛙。

在长成大鱼和青蛙以前，它们要经历多少危机，有多少小家伙被吃掉？ 想一想，我们都觉得可怕！

有爱心的父母

麋鹿妈妈和鸟妈妈，是世界上最疼爱孩子的人，对自己的孩子照顾无微不至。

麋鹿妈妈为了自己唯一的孩子，时刻准备着把生命献给它。 如果熊要袭击小麋鹿，妈妈就会竭尽全力保护孩子，它用前腿踢，用后腿蹬，这样一来，熊就不敢靠近小麋鹿了。

森林通讯员在田野里遇到一只小山鹑。 小山鹑从通讯员的前脚边跳出来，迅速钻入草丛里躲起来了。

通讯员捉住了小山鹑，它就开始"叽叽"地叫着。 这个时候，山鹑妈妈不知从哪里飞来，看到自己的孩子被人捉住，不停地叫着，声音越来越响，不顾一切就向通讯员扑过来，然后，身子摔到地上，翅膀耷拉着。

我们的通讯员以为山鹑妈妈受伤了，把小山鹑放到地上，就开始追它了。

山鹑妈妈走路时，左右摇晃，我们一伸手就要抓到了，可

是山鹬妈妈突然往一边闪，又抓不到了。 就这样追着，追着，山鹬妈妈突然间飞起来了，无声无息地飞走了。

这个时候，我们的通讯员知道上当了，赶快回去找小山鹬，已不见了小山鹬的踪影。 原来山鹬妈妈是故意装作受伤，把我们的通讯员引开，好救出自己的孩子。 它对每一个孩子都细心照顾，可见妈妈有多么疼爱自己的孩子，那是因为它的孩子不多，一共才 20 只。

鸟儿的工作日

黎明时分，鸟儿就开始忙活了。

椋鸟每天工作 17 个小时，雨燕每天工作 19 个小时，家燕每天工作 18 个小时，鹬每天工作 20 个小时以上。

我做过调查，确实是这样。

它们为什么工作那么长时间，想偷偷懒不行吗？

要给雏鸟送食物，喂饱它们，雨燕要送 30 至 35 次，椋鸟每天要送大约 200 次，家燕要送 300 次，鹤要送 450 次以上。

每一个夏季，它们所消灭的森林害虫和幼虫，根本数不清楚。

它们一直在努力工作呀！

●森林通讯员　斯拉德科夫

小岛上的领地

在小岛的沙滩上，有许多小海鸥在那里避暑。

到了晚上，它们就各自找一个小沙坑，睡在里面，沙滩上到处都是沙坑，因而，这里成了海鸥的天下了。

到了白天，大海鸥就带着小海鸥出去了，教小海鸥飞行、游泳和捉小鱼的技巧。

海鸥妈妈一边教孩子，一边保护好它们，时刻警惕着，以防备外敌侵犯。

如果有敌人来了，它们就会全部飞起来，"咕咕"地叫着，朝敌人扑过来，它们的团结一致，让敌人闻风丧胆。就连海上的白尾雕，都会仓惶逃跑的。

鸺鹠和沙锥幼鸟

这是一只刚从蛋壳里孵出的小鸺鹠。嘴部有个白色的小疙瘩，这是个"啄壳齿"。小鸺鹠在从蛋壳里出来时，就会用"啄壳齿"把蛋壳啄破。

小鸺鹠长大后，就成了一个凶猛的家伙，啮齿动物看到它，都会心惊肉跳。

现在，它还是小家伙，身上长满了绒毛，眼睛还未睁开呢！

它显得很娇气，时刻都不会离开父母。若是没有父母的抚养，它很难活下去。

在雏鸟堆里，有一个凶恶的家伙，很不讲道理。它们刚破壳而出，就会跳起来，稳稳当当地站在那里。它们自己会找食物吃，不怕水，也不怕任何敌人，自己会躲避敌人。

你看这两只小沙锥。它们刚出壳一天，就离开了家，自己找到了蚯蚓，吃得多香啊！

沙锥下的蛋比较大，那是为了小沙锥在里面长得更强壮

一些。

我们刚说过的小山鹬，也是很顽强的。它刚破壳而出，就会奔跑。

还有秋沙鸭。它刚出生，就左摇右晃地走到小河边，不加考虑，就跳入了水中，快乐地游着。这时，它已经会潜水了，还会伸懒腰，与大野鸭没什么两样。

旋木雀的孩子有些娇宠。它要在巢里待上两周，现在从巢里飞出来了，在树墩上蹲着。

你看它不满意的表情，原来是挨饿了，它妈妈大半天没有给它东西吃了，此时，正在生气呢！

它从出生至现在，都已经快 3 个星期了，还是那样"啾啾"地叫着，还要妈妈给它喂食吃。

奇怪的鸟儿

我们从全国各地的来信中了解到，他们都在说同一件事，说是遇到了一种奇怪的鸟儿。 在这个月里，人们在莫斯科附近、阿尔泰山上、卡玛河流域、波罗的海上、亚库特和哈萨克斯坦，都遇到过这种鸟儿。

这种鸟非常漂亮、可爱，长得很像钓鱼用的浮标。 它们很相信人类，就是离它只有 5 米远，它都不会离开，依然在那里游来游去，丝毫没有害怕的意识。

现在，其他的鸟儿都在巢里待着，或者是在照顾自己的孩子，但这种鸟儿不会这样做，它们成群结队，长途旅行，要游览全国。

让人惊奇的是，这些漂亮的小鸟都是雌鸟，其他的鸟都是雄的毛色比雌的鲜艳漂亮，而这种鸟刚好相反，雄鸟身上灰灰的，雌鸟比较漂亮。

更让人惊讶的是，这些雌鸟却不照顾自己的孩子。 在很远的北方苔原上，雌鸟把蛋产在小坑里后，就飞走了！ 雄鸟则留下来孵蛋，抚养雏鸟，保护雏鸟。

真是奇怪！

这种鸟就是鳍鹬，它是鹬的一种。 无论在哪里，都可以见到它。 今天在这里出现，明天就会在那里出现。

林中轶事

可恶的雏鸟

鹊鸰妈妈娇小的身材，显得很可爱，它在巢里已经孵出了6只雏鸟。

其中的5只都还挺健康，像自己的妈妈。而第六只却变样了，全身上下都是粗糙的皮，青筋暴露着，两眼比较突出，眼皮向下耷拉着，脑袋也非常大。它张开嘴，肯定把你吓跑。这是鸟儿吗？怎么有点像野兽呀！

在出生第一天，它安心地躺在巢里。只有在鹊鸰妈妈找到食物回来时，它才抬起大脑袋，张开大嘴，好像在说："喂我吧！"

第二天，在早晨的凉风中，鹊鸰的父母出去找食了。这个时候，它就开始忙起来了，先是低下头，顶在巢的底部，把腿伸展开，接着向后退。

在后退的过程中，好像撞着了什么东西，原来是小兄弟的身子，它不顾一切地就往身子底下钻，还把光滑的翅膀向后甩。然后像钳子似的夹住小兄弟的身子，把它扛在背上，一直向后退，直到巢的边缘。

小兄弟身子比较软弱，眼睛还未睁开，在它的脊背上不停地乱动，犹如盛在汤勺里。这个小怪物用脑袋和两脚把背上的小兄弟往上抬，越抬越高，马上就抬到巢边了。

这个时候，小怪物一用力，猛地一抬屁股，就把小兄弟拱到巢外边去了。

鹡鸰的巢是在河边的悬崖上建的。 这个小兄弟，还没有长大，身上光溜溜的，只听到"砰"的一声，小兄弟摔到了外面的岩石上，已经是粉身碎骨了。

这个可恶的家伙，自己也差点掉下来，在巢边晃来晃去。 幸亏自己的脑袋大，才使得脑袋和身子同时坠在巢里，保住了性命。

这件事从头至尾，不过两三分钟的时间。

后来，这个小怪物也累了，就躺在巢里睡着了，身子也不动了。

睡了一刻钟，鹡鸰的父母从远处飞回来了。 小怪物赶快伸长脖子，抬起大脑袋，张开大嘴，不停地叫着，似乎在说："赶快喂我吧！"

小怪物吃饱了，休息片刻之后，就开始收拾下一位小兄弟。

这个小兄弟比较顽强，不是那么好对付。 它不停地挣扎着，老是从小怪物的背上滚下来。 但是，小怪物并不让步，直至完全控制它。

这样过了5天后，小怪物睁开了眼睛，它发现只有自己躺在这个巢里。 它的5个小兄弟都被它拱出巢外摔死了。

它出生后第十二天，身上才长出了羽毛。 这时，鹡鸰的父母才完全明白，它们抚养的是杜鹃遗弃的孩子，它们两个觉得倒霉透顶了。

可是，当鹡鸰的父母听到小杜鹃的叫声，似乎是自己的孩子，它在那里煽动着翅膀，叫声是那么动听，张开大嘴要吃食。 鹡鸰的父母不忍心让它挨饿，也不忍心让它饿死，于是就继续喂它食物。

鹡鸰的父母整天忙碌着，小日子也过得挺辛苦的，自己的肚子还未填饱，从早到晚，只是为了给小杜鹃找肥壮的青虫。它们两个衔着虫子回来了，把头伸进它的大嘴里，把虫子塞进它那贪吃的喉咙里。

等到秋天的时候，它们把小杜鹃喂大了。 杜鹃长大后就飞走了，从此以后，鹡鸰的父母再也没有见过它。

小熊在河里洗澡

有一天，我们认识的一位猎人，正高兴地沿河边走着，突然间，他听到巨大的响声，好像树枝断裂的声音。 他吓了一跳，迅速爬上了一棵大树。

从森林里走出来一只大母熊，后面还跟着两只小熊。 另外有一只幼熊才一岁大，它是熊妈妈的儿子，现在成为了两只小

熊的保姆。

这个时候，熊妈妈坐了下来。

幼熊咬住小熊的脖子后，把它浸到了水中。

小熊尖叫起来，脚乱蹬。可是幼熊就是不放，直至把它的身子洗干净，才放了它。

另一只小熊害怕洗冷水澡，赶快钻进森林里了。

幼熊追上去，就不停地用巴掌拍打着小熊，然后叼起来，把它放到水里，开始给它洗澡。

正洗着，幼熊稍不留神，把小熊掉在了水里，小熊一声尖叫，惊动了熊妈妈，熊妈妈急忙跳入水中，把孩子托上岸。然后，扇了幼熊几个耳光，它嚎叫起来，觉得很委屈。

两只小熊回到岸上，看起来轻松快活了许多。这么热的天，它们又穿着厚厚的毛皮大衣，快要热死了！此刻，在水里洗个澡，非常凉快，更有精神了。

洗完澡，熊妈妈带着它们到森林里去了。 猎人也从树上下来，往家赶了。

浆果成熟的季节

浆果熟了。 人们在果园里，正在摘树莓、醋栗和甜枣。

在树林里很容易找到树莓。 树莓是一种丛生的灌木。 它的茎比较脆弱，你从树莓林间走过时，就会把它们的枝条碰断。 但是，这并没有影响树莓的生长。 现在结出果实的这些茎，只能够活到冬天。

你看，这就是它们的下一代。 从它们的地下茎上，长出了许多嫩茎，一个个都钻出了地面。 它们身上都是毛茸茸的细刺儿。 等到第二年的夏季，它们就会开花、结果。

在灌木林里，草堆上，树墩周围，越橘快要成熟了，它的一面已经发红了。

越橘的果实挂满了枝头。 有几枚越橘的果实，又大又重，坠得茎都弯了，果实都挨着苔藓了。

我很想挖一棵小越橘，把它种植在家里，用心培育一下，是不是果实更大一些？ 如果你不让它自由地生长，那肯定是不行的。 越橘是一种很可爱的浆果。 它的果实可以保存一个冬天。 在吃时，用开水一冲，或是捣烂，就会有很多的汁液流出来。

那它为什么不会腐烂呢？ 因为它自身可以防腐。 越橘里面有一种苯甲酸，这种物质可以使果实保鲜，而不会腐烂。

●尼·巴布罗娃

猫妈妈喂养的小兔子

今年春天，我家的猫生了几只小猫，可是这些小猫全都送人了。

这一天，我们在树林里捉到一只小兔子。我们把小兔子放到了猫妈妈的身边。猫妈妈的奶水比较充足，它也愿意喂小兔子。

这样，小兔子很快就长大了。它们两个非常好，睡觉也在一起。

有趣的是，猫妈妈教会了小兔子和狗打架。只要别人家的狗跑到院子里，猫妈妈就会猛扑过去，一阵乱抓。小兔子也跟上来，用前爪向狗打去，顿时，狗毛到处乱飞。

所以，其他的狗都害怕我家的猫和兔子，都不敢轻易来我家的。

鸟儿的模仿力

我们家的猫看到树上有一个洞，它认为那里面肯定有鸟

巢。它很想吃小鸟，于是就爬到了树上，把头伸进去一看。洞里有几条蛙蛇在那里盘着，不停地乱动，还"嘶嘶"地叫着！这时，猫害怕了，迅速从树上跳了下来，撒腿就跑。

事实上，树洞里并没有蛙蛇，而是几只雏鸟。它们把脑袋来回转动，脖子来回扭动，很像蛙蛇在那里一样，还可以像蛇一样"嘶嘶"地叫。

有毒的蛙蛇谁见了都非常害怕，雏鸟就是模仿着它来保护自己的。

蒙骗敌人

一只大鹞鹰发现了一只琴鸡，后面还带着一群黄色绒毛的小琴鸡。

"哎呀！太棒了！"鹞鹰心想，"我可以填饱肚子了"。

这时，它瞄准了目标，刚要扑过来，琴鸡发现了。

琴鸡叫了一声，小琴鸡们全不见了。鹞鹰四处寻找，也没找见，好像钻到地下了。鹞鹰无奈，只好飞走去找别的食物吃。

琴鸡又叫了一声，黄色的小琴鸡全都出现了，刚才都跑到哪儿去了呢？

事实上，它们并没有逃走，而是全都躺下了，身体与地面紧贴着，这样，身体的颜色与树叶、草和土块的颜色差不多，从空中很难看清楚。

捕食虫子的花

在树林里的沼泽地上，有一只蚊子不停地飞着。飞了很长时间，觉得累了，想找个地方休息一会儿，又有点口渴。这时，它看到一朵花。嫩绿的茎，茎梢上还挂着小铃儿，下面还长着圆圆的深红色的叶子，像花盘一样在周围丛生着。小叶子上面有很多的绒毛，绒毛上面还挂着透亮的露水。

这只蚊子就落在了一片叶子上，把嘴伸过去，准备吸露水。可是露水是粘的，像胶水一样，把蚊子牢牢粘住了。

此时，绒毛都动了起来，像小手一样，把蚊子捉住了。小圆叶子也合拢了，小蚊子也看不见了。

过不多久，叶子又张开了，这时，蚊子的躯壳掉了下来。原来，花儿把蚊子的血吸光了。

这是一种可怕的花，吃虫的花，它叫毛毡苔。它会捕食小虫儿，并很快把它们吃掉。

水中战斗

在水下生活的小孩子们，与在陆地生活的小孩子们没什么两样，总喜欢打斗。

两只小青蛙跳进了池塘里，它们看到一个怪怪的家伙，4条小腿儿，大脑袋，身子细长，它就是蝾螈。

"让人可笑的怪物，"小青蛙们想，"得教训教训它！"

一只小青蛙咬住了蝾螈的尾巴，另一只小青蛙咬住了它的前脚。它们两个一使劲，蝾螈的尾巴和前脚被扯断了，蝾螈仓惶逃跑了。

几天过后，小青蛙在水底又碰见蝾螈了。现在，它是真正的怪物了。在短尾的部位，长出了前脚；在断脚的部位，长出了尾巴。

蜥蜴也是这样的。可以从断尾处长出新的尾巴，从断脚处长出新的脚来。蝾螈要比蜥蜴的本领大多了。蝾螈有时会长颠倒，在断了肢体的地方，会长出与肢体不相符的东西。

漂亮的景天

我给你们讲一种漂亮的植物，它叫景天。现在，它们都开花了。我非常喜欢这种植物，尤其是它那肥厚的、绿色的叶子。小叶子生长在茎上，非常稠密，把茎都遮住了。

景天的花很漂亮，颜色鲜艳，很像五角星。

这个时候，景天的花有些凋谢，开始结果了。它的果实扁扁的，也是五角星的形状。它们一直都这样封闭着。你可不要错误地认为，果实封闭着，就没有成熟。 在晴朗的白天，景天的果实总是这样封闭着。

现在，我们可以让它打开。 只要舀点水就行了，一滴就足够了。 把这滴水滴在五角星的中间，过一会儿，果实就慢慢张开了。 你看！ 种子都露出来了。 景天的种子不怕水冲，相反，它更喜欢用水冲。 再滴上两滴，种子就会顺着水滴流下来。 水把它们冲到哪里，它就到哪里生活。

能够帮助景天传播种子的，并不是鸟、野兽和风，而是水。 我看到过一棵景天，在悬崖峭壁上生长着。 那是雨水顺着岩壁流下来时，把它的种子带到了那里。

●尼·巴布罗娃

野鸭

我到湖边去洗澡。 看到一只野鸭，正在教自己的孩子，在遇到人时如何躲避。

大野鸭像小船似的在水里游着，小野鸭们在潜水。 小野鸭们往水里一钻，大野鸭游过去左顾右看，最后，小野鸭在芦苇边钻了出来，原来是游到芦苇丛里去了。

我也开始洗澡了。

●森林通讯员　瓦联京

奇遇小鸊鷉

我走在河岸上，看到河中有一群小鸟在那里嬉闹，看上去有些像野鸭，但又不是很像。我心里在想，这是一种什么鸟呢？野鸭的嘴是扁的呀！而它们的嘴是尖的呀！

我脱下身上的衣服，开始向它们游过去。它们非常机灵，看到我来了，迅速躲开了，快速爬到了对岸。有一次我差一点逮到了，它们又跑回了水里。它们这样引导着我来回游，把我累坏了，游回对岸时，已是筋疲力尽了。到最后，我也没有抓到它们。

过了一段时间，我又看见它们几次，可是我不敢下水去追它们了。原来它们不是小野鸭，而是小鸊鷉。

●森林通讯员　库罗奇金

奇特的果实

牻牛儿苗是长在菜园里的一种杂草，它的果实很奇特。这种植物不是那么漂亮，身上比较粗糙、凌乱。它的花是淡红色的，也非常普遍。

现在，有一部分牻牛儿的花已经谢了，每个花托上竖起像"鹳嘴"一样的东西。原来每个"鹳嘴"是尾部连在一起的种子，很容易把它们分开。这就是牻牛儿的种子。它上面长有尖刺儿，下面带有弯弯的尾巴，像是一把镰刀。底部卷曲着，像一个螺旋，在遇到潮湿空气时，就会变直。

我把一个种子放在手心里，对着它哈一口气。它转动了起来，弄得手心痒痒的。这个时候，它已不像是螺旋了，全部变直了。

它为什么要玩这种小把戏呢？原来，种子脱落时，要扎进泥土里，用它的镰刀状的尾巴钩住小阜。在天气潮湿的时候，螺旋吸入大量的湿气就会变直，尾巴尖儿的种子就会扎进泥土里。

这样种子就会牢牢固定下来，不可能再出来了。因为它的刺是向上的，可以顶住上面的泥土，不让种子跑出来。

在以前，人们普遍使用的湿度计就是牻牛儿的种子。这说明，牻牛儿的种子对湿度非常敏感。

人们把它的种子固定在某一地方，把它的小尾巴当做湿度计的指针，小尾巴来回移动，指出空气的湿度。

●尼·巴布罗娃

我喜欢的铃兰

8月5日，小溪边，在我们家的花园里，种着几棵铃兰。它在5月里开花，非常鲜艳，大科一个名字"空谷幽兰"。

在各种花里，我最喜欢的花就是它了。我爱它如铃铛一样的花朵，洁白、朴素；我爱它的嫩叶，有弹性；我爱它散发的香味，让人回味无穷。整个花儿都显得很有朝气。

春天的早晨是看铃兰花的好时候，一起床，我就急忙跑到它跟前，仔细地看着。每次看过之后，都会带一束鲜花回来，养在水里。这样，整个屋子里都是它散发出的香味。

在我们这里，铃兰是7月开花。这个时候，夏季已临近结束了，我喜欢的铃兰又给我增添了新的欢乐。

一次偶然的机会，我发现铃兰的叶子下面，有什么东西红红的。我蹲下来一看，原来是粉红色的、椭圆形的小果。它们也是那样的好看，好像是要求我把它们做成耳环，送给朋友们呢。

●森林通讯员　维卡里

颜色的变化

8月20日，我起得很早，往窗外望去，让我大吃一惊。怎么回事！青草怎么变成了天蓝色的！青草被雾水压得低下了头，透亮透亮的。

原来是这些露水落在青草叶子上，把草叶变成了天蓝色。

有几条绿色的小径，从蓝色的草地穿过，一直通向板棚。这个时候，人们都还没有起床，一窝山鹑就来村里偷麦子吃。你看，这不是它们吗！在麦场上。山鹑身上的毛是淡蓝色的，胸脯上还有深灰色的半圆形的斑块。它们在那里不停地啄着，啄着，趁着人们还没有醒过来，它们想多吃一些！

往远处看，也就在林子边上，没有收割的燕麦田，也是蓝色的。一个猎人扛着枪，在那里来回踱步。我想，他是在那里等琴鸡出现呢！琴鸡父母经常会带着孩子来吃食。

在蓝色的燕麦地里，琴鸡跑过的地方，就变成了绿色，是因为在它们跑的过程中，把露水碰掉了，也就呈现出原来的颜色了。

可是，我一直都没有听到枪声，可能是琴鸡父母带着孩子回林子里去了。

●森林通讯员　维卡里

保护好我们的森林

如果闪电打在干燥的树枝上，如果有人在森林里游玩，随手扔一根未熄灭的火柴，如果篝火没有完全熄灭，那么，都有可能发生森林火灾。

燃烧着的火苗，像小蛇一样，从篝火里爬出来，到处乱跑，最后，钻入苔藓和一堆干柴里。突然，又从哪里蹿出来，在灌木丛上舔了一下，又向枯树枝跑去。

我们要争分夺秒，这可是森林之火呀！在它还没有燃烧起来的时候，一个人就可以扑灭它。马上折断一些新鲜的树枝，赶快向火苗打去，不要让火苗向外蔓延，别让它转移！把你的朋友叫来帮忙吧！

若是你身边有铁锹，或有结实一点的木棍，可以挖土，把火苗压灭。

若是火苗从泥土下钻了出来，从一棵树蹿到了另一棵树，可想而知，这场森林火灾正式开始了。赶快去叫人救火吧！赶紧拨打火警电话吧！

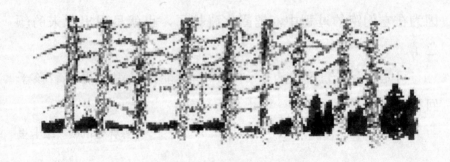

森林大战

（续前）

森林通讯员来到了第三块空地。 这是一块 10 年前被砍伐过的林地。 那里还是在白杨和白桦的统治之下。

这块地属于胜利者，不允许其他的植物到这里来。 每年春天，青草家族从土里钻出来后，试图寻求生存的领地，结果都被那遮住阳光的阔叶帐篷给闷死了。

云杉结一次种子，都要相隔两三年。 所以，云杉结了种子后，就会散播到空地上。 可是，云杉的种子都没能长成树苗，受尽了白桦和白杨的欺侮，死去了。

小白杨和小白桦不是一天天地见长，而是每个小时都在长。 在砍伐过的空地上，它们长成了密林。 它们之间出现了拥挤，开始争吵起来。

每一棵小树都想在地下和地上扩大自己的领地。 每一棵小树越长越粗，相互之间也越来越近，也都开始排挤邻居。 它们你挤我扛，开始了斗争。

强壮的小树长得快，它的根系比弱小者发达，树叶茂盛，吸收的水分多。 有一棵小树长大后，就把自己的枝条伸到邻居的上方，把邻居完全给遮住了，再也看不见阳光了。

在浓密的树荫下，最后一批瘦弱的小树死去了。 这个时候，矮小的青草也从土里钻出来了。 对于长高的小树，青草没有多大威胁。 就让它们在脚下蔓延吧！ 这样还能为自己保暖呢！

云杉的忍耐力很强，它们每隔两三年就把种子散落在空地上。 这些小家伙对胜利者来说，不值得一提。 它们能有多大的本事呢！ 让它们在地窖里忙去吧！

小云杉并不泄气，最终长出来了。 在那又黑又湿的环境里生活，日子可不好过呀！ 它们还是能够得到阳光的照射。 它们长得很细，并且又很脆弱。

不过，在这里也有一定的好处，风吹不到它们了，即使有

风，也不会连根拔起。 在狂风暴雨到来时，白杨和白桦左右摇晃，甚至弯下了腰。 而此时的小云杉却安然无恙。

在这里，有足够的食物，也比较暖和。 小云杉不会遭受冬季寒冷的冰雪侵袭。 秋天，白桦和白杨的枯叶在地上腐烂后，产生热量，青草也散发热量。 这需要有耐心，能够忍受地窖里的阴暗潮湿。

白杨和白桦非常喜欢阳光，而小云杉不那么喜欢；它们在忍受着黑暗，不停地生长着。

森林通讯员对这些小云杉很同情。 后来，它们又到第四块空地上去了。

我们在这儿等候他们的报道。

农庄生活

这是收割庄稼的季节。 黑麦地和小麦地像大海一样，一眼望不到边。 麦穗长得比较饱满，又大又重。 人们都在努力收割着，很快这些麦粒像金色的洪流，全部流进了粮仓。

亚麻也成熟了。 人们也都忙着在田里收割亚麻。 用机器收割快多了！ 人们跟在机器后面，只需把亚麻捆在一起，然后，把一束束亚麻堆成垛，10 捆堆成一垛。 过不多久，亚麻田里就会有排列整齐的垛，如同一排排的士兵。

山鹑也只好带着全家人，搬到了春播的麦田里去了。

在菜地里，胡萝卜、马铃薯和其他的蔬菜也都成熟了。 人们把它们装上火车后，运进了城里。 这个时候，城里的人们就可以吃到新鲜的蔬菜了。

农庄里的孩子们到林子里去采蘑菇、树莓和越橘。 这些天，在榛子林里，有很多小孩子，他们的口袋里装满了榛子，你是赶不走他们的。

大人们可没有时间去采榛子了，他们得忙着收割麦子、打麻，得用犁把所有的田耕完、耙好，过些天，就要播种秋作物了。

森林的助手

在卫国战争期间，我们这里的森林都被毁掉了。 现在，每个林区都在努力植树造林。 在这方面，他们得到了中学生的大力帮助和支持。

种植新的松林，大概需要几百千克的种子。 3 年时间，学生收集了 7 吨种子。 他们还忙着整理土地、照看小树苗、保护森林、防止火灾。

◉森林通讯员　查里夫

集体劳动

天刚刚亮，人们就拿起农具下地干活了。 大人到哪里，孩子们就到哪里。 在草场、农田、菜园和林子里，到处都有孩子们的身影。

孩子们扛着耙子哼着小曲，高高兴兴地来了。 他们割草非常快，不一会工夫，割了一大车，然后，送到农庄的草棚里。

杂草比较多，这让孩子们没有休息的空儿了，刚割完了草，又忙着在亚麻田和马铃薯田里除杂草。

在收割亚麻的时候，收割机还没有进入亚麻田，孩子们已来到了田里。

他们先把四角的地方收割完，这样，收割机就方便许多了。

在收割黑麦时，孩子们也找到了工作。 在麦子收割完后，他们就开始捡地上掉的麦子，把它们捆成小捆。

农庄新闻

这个消息是从农庄的田里传来的。 禾谷做了汇报，说："咱们这里非常顺利，谷物都成熟了。 很快，我们就会把它们撒到空地上去。 以后，你们也不必为我们操劳了，也不用到田里照看我们了。 现在，即使没有你们，我们也过得很不错啦!

人们笑了笑，说："这怎么能行呢？ 不用我们到田里照看了？ 这个时候可是农忙时节啊!"

联合收割机已经开到田里去了。 这种收割机功能齐全，收割、脱粒一次性完成。 在开进田里时，黑麦还是一人多高的，等到它开出来时，黑麦地里只剩下麦茬了。 从它那宽大的舱里，出来的全是麦粒。 人们把麦粒晒干后，装进袋子里，一部分交给政府，一部分存入仓库。

收获马铃薯

森林通讯员到过蓝星农庄访问。 他对农庄的马铃薯产生了兴趣，对它们进行了细致地观察。 这里有两块马铃薯地，其中一块比较大，是绿色的田地；另一块比较小，看上去全部变黄了。 第二块田里的马铃薯叶子黄了，好像要死了。

森林通讯员要弄清楚其中的缘故。 后来，他寄来一份报告，里面说道："就在前天，有一只公鸡，跑到了变黄的田里去了。 它把土刨松后，就唤来了许多母鸡，一块儿吃马铃薯。

一位路人看到了，笑了笑，告诉同伴说：'还不错！ 它是第一个来收马铃薯的。 它也许知道，我们明天要收获马铃薯吧！'

现在明白了，叶子变黄了的是成熟的马铃薯。 那块绿色的田里，是晚熟的马铃薯。"

森林报道

在林子里，从地下冒出来第一个白蘑菇，肥大、壮实！

蘑菇的菌盖上有个小坑儿，边缘是湿漉漉的穗子，上面粘了许多松针。 白蘑菇四周的土比较高，如果把这块土挖开，就可以找到许多大小不一的白蘑菇！

鸟　岛

来自远方的一封信

我们乘船在喀拉海东部航行。 周围是汪洋大海，一眼望不到边儿。

突然间，桅楼上的船员大喊一声："前方有一座倒立的山，离我们不远。"

"那是他的幻觉吧？"我心里想着，也爬到桅杆上面去了。

我很清楚地看到，那儿就是一座山，在半空中悬着，头朝下而脚却朝上。

一座山倒挂在半空中，没有道理呀！

"朋友，你的大脑还是正常的吧！"我自己在心里说着。

这个时候，我想起了物理中的"折射原理"，我高兴地笑了。原来这是一种奇特的自然现象。

在北冰洋上，这种现象经常会出现，或称作海市蜃楼。你会突然看到远处的海岸，或者小船，在空中倒挂着。这是它们的倒影，这与照相机的原理是一样的。

过了几个小时，我们的船到达了小岛附近。其实，小岛并没有倒挂在空中，而是很安静地待在水中，周围的岩石也都没有什么变化。

船长确定了方位之后，看看地图，他说这是比安基岛，位于诺尔德舍尔特群岛的海湾入海口处。这个岛之所以这样命名，是为了纪念俄罗斯科学家瓦联京·科沃维奇·比安基，也就是我们《森林报》所纪念的科学家。

我想，你们很想知道岛是什么样的，岛上都有些什么吧？

这个岛屿是由许多岩石堆成的，有圆形的石头，也有方的板岩。岩石上没有灌木，也没有青草，只有白色的和黄色的小花，长在背风的地方，岩石上面被地衣和苔藓覆盖着。

这里有一种苔藓，与我们那里的平茸菇很相像。很有弹性，也比较厚，我还没有见过这种苔藓。在海岸边上，有许多的木头，有圆木、树干，还有木板，可能是从很远的地方漂过来的。这些木头都干透了，用手指轻轻一敲，就会发出清脆的声音。

现在是7月底了，这里的夏天刚开始。这并不妨碍冰山、冰块安稳地从小岛旁漂过去。这儿的雾比较浓，低低地在海面上笼罩着。

在海上，若是有船只经过，却只能看到桅杆。可是，船只很少经过这里。 岛上没有人，所以岛上的动物看到人来了，也不觉得害怕。 不管是哪位，只要随身带点盐，往尾巴上撒点，就很容易把它们捉住。①

比安基岛是鸟的乐园。 这里没有鸟的喧闹区，也没有数万只鸟挤在一起做巢的现象，鸟儿都比较自由地在岛上做巢。 这里聚集了上百只野鸭、天鹅、大雁和鹬鸟，它们在这里和平相处。

在高处的岩石上，居住着海鸥、北极鸥和管鼻鹱。 海鸥的种类很多，有白毛黑翅膀的海鸥；有身体较小、粉红色羽毛、尾巴像叉子一样的鸥；还有凶猛、体型较大的鸥，这种鸥喜欢吃鸟蛋、小鸟和小动物。

这里还有北极猫头鹰，有漂亮的雪鸮，它的胸脯和翅膀是白色的，它能够像云雀一样唱歌。 北极百灵鸟脖子上有块黑色的毛，有点像黑色的胡子，头上竖着两撮黑色的羽毛，很像小犄角，它经常是一边跑，一边唱歌。

这里的小野兽也挺多的。

我带了一些早点，想到岸边坐一会儿。 刚坐下，身旁就出现了许多田鼠，它们在那里蹿来蹿去。 这是一种小个儿的啮齿动物，身上长有黄色、黑色和灰色的绒毛。

小岛上的北极狐也非常多。 我在乱石堆里就发现了一只，它正慢慢地向小海鸥走过去。 突然，海鸥妈妈发现它了，迅速向它扑过来。 这时，其他的海鸥也飞来了，叫着，喊着！ 势

---

① 古语说：孩子们只要在鸟儿尾巴上撒点盐，就能把那只鸟儿抓住。

头像是要与它决斗。 北极狐害怕了，夹着尾巴逃走了！

这儿的鸟都会保护自己，也不会让自己的孩子受到任何伤害。 因而，这里的野兽大多是饿着肚子的。

我往海上望去，海面上也有许多鸟，在那里自由自在地飞着。

我吹了一声口哨。 突然，从水里钻出来几个小家伙，身上光溜溜的，圆脑袋，眼睛乌黑发亮，直愣愣地看着我，好像在对我说："哪里来的大怪物？ 为什么吹口哨！"

这是海豹，它们的体型都不太大。

在岸边不远处，有一只体型较大的海豹。 再向远处望去，是体型更大，还长着胡子的海象。 不知什么原因，所有的动物都跳入了水里，鸟儿也惊叫着，向空中飞去。 原来，是一只北极熊，从水里露出了头。 这是北极地区体型最大、最凶猛的动物了。

我感觉有些饿了，转过身来拿早点，可是早点不见了。 我是放在那块石头上面了，可怎么没有啊？ 石头底下也没有。

我气愤地跳了起来。

这时，从石头底下蹿出来一个小家伙，原来是北极狐。

哦！ 我明白了，是这个家伙偷了我的早点，真是可恶的小偷！ 它嘴里还衔着用来包面包的纸呢！

这个家伙还真可怜！ 岛上的鸟儿把它饿成了这个样子。

●远航领航员 摩尔丁诺夫

祝你钓到大鱼

我喜欢在河边或湖边钓鱼。 这样安稳地坐着，不会打搅别人，还可以看到四周的东西。 鸟儿也习惯了这样，有可能把你当成树墩了，它们都向你靠近。

在你的周围发生的都是些奇怪事儿！ 鱼儿有没有咬钩，有没有吃食，这些并不重要。 我对感兴趣的东西看得入神了，却忘记了看浮标了。 有时在想些什么东西，有时什么都不想，不一会儿，就进入了睡梦中。

上一次，也就是夏初时节，我安静地坐在河边钓鱼。 太阳照射得很强烈，感觉非常暖和，就开始打瞌睡了，当时，也忘记了自己在钓鱼。

那天，我打瞌睡比较厉害，差点摔倒。 这下，我精神多了，赶快向四周看看，是不是哪个人在偷笑呢！ 可是周围一个人也没有，只有雨燕在天上自由地飞着，然后落在岩石上歇脚。 岩石上有许多小洞，那也许就是雨燕的巢。

我低头看了看草地，惊讶起来！ 脚下出现了蜻蜓和蚂蚁！一只蜻蜓在草茎上歇息，它的小翅膀很像小飞机，好像在听蚂蚁说些什么。 小蚂蚁在蜻蜓的鼻子下面，两根触须不停地转动着，很自然地向蜻蜓说着话。 小蚂蚁似乎在说，夏天很短暂，不能老是在那里唱歌、跳舞，是该考虑过冬的时候了！ 这时，蜻蜓很不愿意听这些话，头也不回地飞走了，在我的浮标上歇息。

我向它们挥挥手，给了它们一个笑脸。 这时，我抬起头，突然看到下游有个什么东西，在阳光的照射下闪着亮光。 我拿望远镜一看，是只海鸥，身上长满了白色的羽毛，在树墩上歇息。 它没有站在那里，而是像猎狗一样卧在树墩上。

这真有意思呀！

我拿着望远镜仔细地看着，上面是头，下面是尾巴，这里是羽毛，它们为什么都落在这里呢，是不是脑袋出了问题！

这些事让我觉得很不舒服，心想："是不是肚子饿了。"

我从家里出来时，随身带了点草莓果，在饥饿的时候，就吃一点。 我把它们洗干净，大口大口地吃着，确实是饿了，吃起来津津有味！

我平静地在河边坐着，向远处望去，心里也踏实多了。 岸边的绿草在微风吹拂下，好像是在跳着优美的舞蹈。 这种草还可以缓解你的疲劳，让你的心情更舒畅。河岸边长着茂盛的芦苇，有的还长着大穗子；有的长着管状茎，一节一节的，叶子

细长，并且比较尖。 有一种芦苇，身子很软，用手指一捏，里面软绵绵的，很像是海绵。 可是这种芦苇不长叶子。 在水里生长的植物不少呢！

现在，我又开始看浮标了。 浮标动了一下，好像被什么东西拉扯一样，就在那一瞬间，浮标沉到了水里，看不到了。

"很好，很好，鱼儿要上钩了！"我心想着，"说不定是条大鱼呢！"

我迅速站起来，赶紧拉鱼竿。 这时，鱼竿梢儿都弯了，鱼儿还没有露出水面。 一边收线，一边把鱼竿往上拉。 很快，一个黑黑的、大个儿的家伙浮出了水面，我看不清楚，这到底是个啥东西呀！

我使劲一拉！ 原来是只小野兽。 看上去有些怪怪的，脑袋圆圆的，长有几根胡子，有一条尾巴，身子胖乎乎的。 我把它拉上岸，不禁惊讶起来，它尾巴大得像铁锹。

我看到它，不免有些心灰意冷，竟拉上来一个稀有动物，这么一来，我还要负责任呢！ 这个家伙似乎是饿了，把鱼饵吞了下去，还要请大夫给它做手术呢！

这是一只小河狸，还好！ 鱼钩并不深，我轻轻地把鱼钩取出来，把它放回到河中。 它尾巴一拍，钻入了水中。 我竟被它的拍水声吓了一跳。

人们经常说，钓鱼是一件平静的事情。 看！ 还平静吗？鱼儿都吓跑了。 一般情况下，鱼儿挣脱了钩之后，就会告诉其他的伙伴，河岸上有个钓鱼的家伙，千万别去咬他的钩。 其实，鱼儿是不会在那里大喊的，但是，它们身上确实有一个

"信息系统"，可以相互之间传递信息。 这个时候，河狸拍打着水面，鱼儿也就明白了到底发生了什么事，它们逃命去了。

我干脆收起了鱼竿，再继续钓下去，也不会有什么收获。我沿着河边向前走着，过了一会儿，我走入了灌木丛里。 鱼竿刚刚放到地上，一只小鸟就朝我扑过来。 鸟儿"唧唧"地叫着，它的叫声很有点像金丝雀。 它长得很像金丝雀，但却不太好看，身上长满了灰色的羽毛，它的嘴也像麻雀的嘴。

我顿时想到，附近肯定有它的巢。 于是，我就朝灌木丛深处走去。 找了一会儿，看到了一个鸟巢。 鸟巢边有一只褐色的小鸟，与刚才的那只差不多，一只大眼睛目不转睛地看着我，可它却没有飞走。

我用手指推了它一下，这才飞走了。

我往鸟巢里一看，5个鸟蛋整齐地排列着。 大小差不多，但颜色不相同。 有一个是浅蓝色的，上面还带着黑点；有一个带着黄色的小斑点；这个是灰褐色的小斑点；第四个是蓝色的，还带着点绿色；第五个是红色的。 这里可谓是一个大家庭了！

我得赶紧离开这个地方，不然又要惊动鸟妈妈了，若是把鸟蛋扔下不管了，那可咋办？

我回来找鱼竿，又看到了那只小鸟。这次，是从别的方向飞出来的。我朝着它飞来的方向走去，去找鸟巢，小鸟竟然跟我玩起了游戏，开始小声叫，而后又开始大声叫，一会儿从这里出来，一会儿从那里出来。

不管怎样，我还是找到了鸟巢。它的巢是用麦秸秆搭建成的，与搭在草丛里的鸟巢很相像。鸟巢离地面大约一米。鸟巢里有几只小鸟，它们身上还是光秃秃的，眼睛闭着。鸟妈妈有些不安了，开始不停地啄我的手。

"嘿，你真厉害！"我心想，"我一旦生气，一使劲，就会把你捏死的，那你就一命呜呼了！好了！别逗了！"

我慢慢地退了几步，还捉了几条小虫子，走到巢边，把虫子放在手心里，朝它们送过去。鸟妈妈很聪明，马上飞到手心里，啄起一条小虫，就去喂它的孩子们。每一个孩子都喂饱了。

这让我感到很奇怪！若是其他的鸟，就会向你攻击，用嘴啄你。当你把它喂饱后，它就会从你的手里啄食，去喂它的孩子。

现在，小鸟认为我是一个好人，它也就让我安心地去钓鱼了。但是，鱼儿就是不上钩。

我就这样一直坐着，不知何故，树林里的杜鹃鸟叫了起来。当我听到它那凄惨的叫声时，我也不免悲伤起来。我总是想起奶奶教给我的儿歌：

在遥远的小河边，

杜鹃的叫声断断续续，

杜鹃，杜鹃！

多么可怜的鸟儿呀！

失去了疼爱的孩子！

其实，失去孩子的心情，是多么痛苦呀！我拿着钓鱼竿，回家了。

●维利康诺夫

追猎

这个时候，小鸟都还没有长大，还不会飞呢，该如何去打小鸟呢？ 小鸟、小兽是不能乱打的。 法律有规定，禁止这个时候狩猎。

夏季捕猎开始了

7 月底，猎人们就坐立不安了，开始焦急起来。 这时，雏鸟也都长大了，但是，什么时候可以打猎还不知道。

猎人们终于盼到了这一天，报纸登出了这样的信息，说从今年 8 月 6 日开始，可以到林子里或沼泽地里捕猎。

猎人们早就把弹药装好了，把猎枪擦拭了好几遍。 8 月 5 日，在下班的时候，火车站上都挤满了猎人们。

哎呀！ 火车站的猎狗还真多啊！ 短毛的猎犬和导向的猎犬，它们的尾巴比较直，像根小树枝。 它们的毛色也比较多，有白色带黄色斑点的；有黑色的，看上去油汪汪的；有黄色带灰色斑点的；有棕色带杂色斑点的；有白色的，眼睛、耳朵、身上有黑斑点的；有深棕色的。

　　有长毛，尾巴又像羽毛的赛特猎犬。 它们的毛色是白色的，还带着小黑斑。 有红毛的猎犬，它全身上下都是红棕色的。 还有体型较大的猎犬，它们行动缓慢，显得很笨拙，毛色比较黑，带着黄色的斑点。 它们都是捕猎的能手，它们接受过专门的训练，这是为了夏天更好地捕猎刚出巢的野禽。它们一旦嗅到猎物，就会趴在地上不动了，等待主人来。

　　还有一些身体较小的猎犬，毛比较长，脚很短，耳朵也长，快要挨到地面了，尾巴非常短，这是西班牙猎犬。 它们对指定的方向不是很敏感，如果带着它们到草丛里去打野鸡或野鸭，比较适合。

　　不管飞禽在草丛里，在水里，还是茂盛的灌木丛里，这种猎犬都可以把它们找出来。 如果飞禽被打伤了，或打死了，猎犬就会叼回来交给主人。

猎人们都是乘坐火车去的，每个车厢里都有。 大家都看着猎人，欣赏着猎犬。 整个车厢里都在谈论着捕猎的事，说说他的猎犬，谈谈他的猎枪。 猎人们都认为自己是一位英雄，还不断地朝那些乘客看去，认为他们都是没有猎枪、没有猎犬的普通人。

　　6 号晚上和 7 号早上的列车，把这些猎人又载了回来。 但是，他们的脸上好像没有了那种高兴劲儿。 有些猎人的背包里空荡荡的。

　　"普通人"们朝英雄们笑了笑。

　　"打的猎物呢？ 野味在哪呢？"

　　"野味留在树林里了。"

　　"飞到别处去送死了。"

这个时候，从车站上来了一个猎人，人们都在称赞他，原来他的背包满满的。 他没有看任何人，自己找个位置坐下。 他身边的那位客人眼睛锐利，又心细，对整个车厢的人说道："你瞧！他的野味怎么都长着绿爪子呀！"那个人说着，不顾一切地把背包的一角掀开了。

从背包里露出了云杉树枝的梢儿。

这有多尴尬啊！

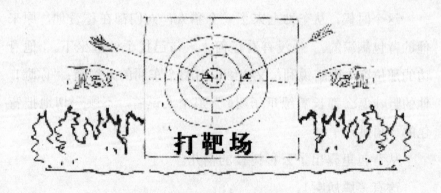

打靶场

第五场竞赛

1. 鸟儿什么时候才长牙齿?

2. 有两头牛,一头有尾巴,一头没有尾巴,哪头牛经常吃得饱?

3. 人们为何把这种蜘蛛(请看插图)叫做"割草能手"?

4. 猛禽和猛兽在一年当中那个季节吃得最饱?

5. 哪一种动物出生 2 次、死 1 次?

6. 哪种动物在长大以前,要出生 3 次?

7. 人们在形容对人没有什么影响的事情时,为何老说:"好像鹅背上留下的水"?

8. 在天热时,狗为什么要吐舌头,马热时而没有吐舌头呢?

9. 什么鸟的雏鸟不认得自己的妈妈?

10. 什么鸟的雏鸟在树洞里像蛇一样发出"嘶嘶"的叫声?

11. 依据秃鼻乌鸦的嘴，怎样分辨出成鸟和幼鸟呢？

12. 在小鱼长大以前，哪一种鱼会一直照料它们？

13. 蜜蜂蜇了人以后，会出现什么情况？

14. 刚出生的小蝙蝠吃什么东西呢？

15. 中午，向日葵的花朝向哪个方向？

16. 公公在山上跑，婆婆在天边跑；公公声音响，婆婆眼睛眨。（谜语）

17. 早上，田地还是蓝色的，到中午时，为什么就变成了绿色的呢？

18. 一个老人，戴着小红帽。有人走过时，就低头哈腰。（谜语）

19. 坐在棍子上，身穿红袍子，亮晶晶的小肚子，里面装满小石子。（谜语）

20. 灌木丛里，"唑唑"作响，一不小心，咬到脚上。（谜语）

21. 晚上地上睡觉，早晨不见踪影。（谜语）

22. 住在林子里，砍树不用斧头，房子没有棱角。（谜语）

23. 眼睛长在角上，房子在背上背着。（谜语）

24. 花儿美丽无限，身上遍布尖刺。（谜语）

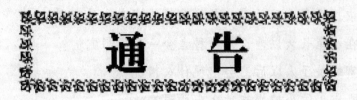

通　告

"神眼" 称号竞赛

猜谜语

请大家猜猜看，谁是妈妈，谁是爸爸，谁是孩子

大家来帮助流浪儿

在雏鸟诞生的这个月里，我们经常会看到雏鸟从树上掉下来，或者失去了妈妈。它无助地躺在地上，不停地往灌木丛里钻，想躲避两条腿的怪物。但它的小腿没有力量，还没有长出翅膀，它并不知道自己要去哪里？

这时，你完全可以捉住它，把它放在手心里，目不转睛地看着它，心想："你这个小家伙是谁呀？到底是谁的孩子？你妈妈在那里呀！"

可是，它只会"啾啾"地叫，看上去挺可怜的。也许是急着找妈妈呢！你肯定会帮助它找妈妈。但却不知道它的爸爸妈妈是什么鸟？

这个时候，你一定是愁眉不展，不知该怎么办。首先，你应该把眼睛睁大一些，猜出它们是什么鸟，这是有点难度，雏鸟不一定像它们的妈妈。许多鸟的爸爸和妈妈长得不是很像。

然而，你却有一双明亮的眼睛。仔细地看一看，雏鸟的腿和嘴有什么特点，然后，去找与它的腿和嘴相似的鸟，雄鸟、雌鸟都可以。也许雄鸟和雌鸟不太一样，雏鸟还没有长出羽毛，或是已经长出了绒毛，或是身上光滑的。但是根据它的嘴和脚，你可以认出它的爸爸和妈妈。

这样，你就可以把这个流浪者送还给它的父母了。

尾巴卷曲的琴鸡爸爸

琴鸡爸爸的尾巴有些卷曲，因而叫它卷尾琴鸡。你不可以只看尾巴，琴鸡妈妈的尾巴是直的，小琴鸡还没有长出尾巴。

野鸭妈妈

野鸭妈妈嘴有些扁，野鸭爸爸和小野鸭的嘴也扁的。它们的脚趾间长着蹼。你要认真地看，蹼是什么样的。千万别和鹧鸪的蹼搞混了。

燕雀妈妈

燕雀在出生时，与其他的鸟一样，体型较小，身子光溜溜地，浑身无力。燕雀爸爸和妈妈在体型、尾巴方面都很像。但是羽毛不大相同。只要看看它们的脚，你就可以认出燕雀的雏鸟。

红脚隼妈妈

猛禽的嘴如同钩子，脚上有锋利爪子，幼鹰也是这样的。

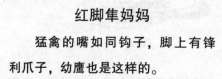

鸊鷉爸爸

雄鸟长得和雌鸟非常像。小鸊鷉也很容
易辨认，只要看看它的脚蹼和嘴就行了，这
和野鸭的不一样。

这里画有 5 种不同的鸟，每一种鸟都有雏鸟和它的爸爸或妈妈。请拿
出一张纸，依照下面的顺序把它们重新排列，并画下来：鸟爸爸在雏鸟的
左边，鸟妈妈在雏鸟的右边。

森 林 报

No. 6

集体飞行月
（夏季第三月）

8 月 21 日——9 月 20 日　　　　　太阳进入室女宫

栏　目

一年 12 个月的阳光组诗

8 月的夜空里，星光悄无声息地照亮了整个树林。

青草开始了它们的最后一次换装。 现在，草地上生机勃勃、姹紫嫣红，花儿也增多了，比以前更加鲜艳了，有蓝色的、红色的、粉红色的，这为 8 月增添了欢快的气氛。

阳光也慢慢变弱了，青草抓住这个有利时机，多吸收一些阳光。

一些个儿大的果实，如蔬菜、水果，都快成熟了；越橘果也快要成熟了；沼泽地里的树莓、树上的鸭梨也都熟透了。

这里有一些蘑菇，它们不太喜欢阳光，而喜欢躲在阴凉处，很像一位老者。

各种树木也不再向上长了，更不往土里钻了。

林中的新规矩

树林里的孩子们也都长大了，从巢里爬出来了。

春天，鸟儿们都是两个两个地在一起，在自己的领地居住着，现在，它们带着孩子在树林里不断搬新家。

树林里的居民们交往密切，彼此往来，相互拜访。

那些猛兽和猛禽，也不再那么苛刻了，严格把守着自己的领地，不让任何人靠近。猎物非常多，可以填饱大家的肚子。

鼬鼠、黄鼠狼和貂在树林里窜来窜去，不管走到哪里，都有食物吃。有刚出巢的幼鸟，笨拙的小兔子，还有粗心的小老鼠。

鸣禽都集中在一块儿，在灌木丛和林子里自由地飞着。不过，它们都有自己的规矩，就像下面说的那样。

乐于助人

要是哪个发现了敌人，就得尖叫一声，或者发出警报声，告诉大家有危险，赶快逃走；要是有一只鸟遇到不幸，大家就会一起飞起来，大声叫喊，把敌人吓跑。

成千上万对眼睛和耳朵都在警戒着，成千上万张嘴做好了啄退敌人的战斗准备。加入战斗的雏鸟越多，它们也就越安全。

在鸟群里，幼鸟要遵守新规矩，不管做什么都要听成鸟的话。成鸟们慢慢地啄麦粒，幼鸟也要跟着啄麦粒。成鸟们抬起头，稳稳地站在那里，幼鸟也得停下来照做。成鸟们逃跑，幼鸟也得跟着逃跑。

训练场上

琴鸡和仙鹤都找到了一块好的训练场，以便孩子们学习。

琴鸡的训练场在树林里。小琴鸡聚在一块，跟着琴鸡爸爸做动作。

琴鸡爸爸"咕咕"叫，小琴鸡也"咕咕"叫。琴鸡爸爸"啾啾"地叫，小琴鸡也跟着"啾啾"地叫。

现在，琴鸡爸爸的叫声与春天的叫声不太一样。春天，它的叫声好像是："我要卖掉皮袄，我要买新褂子！"现在，它好像在说："我要卖掉褂子，我要买新皮袄！"

小鹤们排成队伍，飞到了训练场上。它们学习怎样在飞行时排成"人"字形。它们一定要学会，只有这样，在长时间的飞行中，才能有更多的力气。

在"人"字形队伍的前面，是身体强壮的老鹤。它作为领队，要阻挡强大的气流，减少气流对其他队员的冲击。

若是它感觉到累了，就会飞到队伍的最后面，由其他的老鹤带队。

小鹤跟在领头鹤的后面，一个挨一个，挥动翅膀时，也是有节奏的。谁的体力强，就飞到前面去；弱点的就飞到后面。这样，它们不断地轮流做领队，就可以飞到非常遥远的地方去。

注意啦！注意啦！

请大家听从指挥，已经到地方了！

鹤陆续落在了地上。这里是田野中的一块空地，小鹤们可以在这里学跳舞、做运动。它们在这里跳呀，蹦呀，有节奏地挥动着翅膀，做出灵巧的动作。还要做难度较大的练习，用嘴把小石子抛到空中去，然后，再用嘴接住。

它们正在为长途飞行做准备呢！

飞行技术高超的蜘蛛

没有翅膀，能飞行吗？ 找一些小窍门就可以做到！ 你瞧！ 几只小蜘蛛成了气球驾驶员。

蜘蛛从肚子里吐出一根细细的丝，把一头挂在灌木上。风把细丝吹得来回摆动，但不会断掉。 蜘蛛丝像蚕丝一样，比较坚韧。

小蜘蛛站在地上，蜘蛛丝在灌木和地面之间飞来飞去。 小蜘蛛停在地上，还在不断地往外抽丝。 蜘蛛丝把它缠住了，好像是一个蚕茧，丝仍在不停地抽。

风刮得越来越猛烈，蜘蛛丝也越抽越长。 蜘蛛用 8 只脚牢牢地钩住地面。

1、2、3！ 蜘蛛顺着风飞了过去，把挂在灌木上的那头咬断。 一阵风刮来，蜘蛛给刮走了。

它飞起来了！ 得赶紧解开身上的丝！ 像小气球一样飞起来了，越飞越高，飞越草地，飞越灌木丛。

驾驶员从上面往下看，要在哪里降落呢？

下面是树林，是湖泊。 那再飞远些，再远些！

这是谁的家呀！ 有一些苍蝇正在那里嬉闹。 那就降落到这里吧！ 停止飞行！ 开始降落！

蜘蛛把丝缠到自己身上，缠成一个小球，小球越来越低，准备好了，着陆！

蜘蛛丝的一头挂在了树叶上，安全着陆了！ 就在这里开始了新生活。

秋天，天气干燥，有许多的蜘蛛带着丝在空中飞行。 村子里的人们说道："秋天老了！"那是秋天的白发，在阳光下随风飘着，闪闪发光。

森林记事

一只过分的山羊

这不是在说笑话。 的确，这只山羊很过分，把整个树林都吃光了。

树林看护者把这只山羊买回来了，把它带到了林子里，拴在草地上的树墩上。 深夜，山羊挣脱了绳子，逃走了。

四周都是森林，它能跑到哪去呢？ 还好，这里没有狼。

树林看护人找了 3 天，都不见它的踪影。 等到第四天，山羊自己回来了，"咩咩"地叫着，好像在说："你好！ 我平安地回来了！"

到了晚上，一个树林看护人来了。 原来山羊把他看护的树苗啃光了，那可是一片树林呀！

树木还小的时候，根本没有能力保护自己，任何一头牲口都可以欺负它，把它从土里拔出来，嚼碎吃掉。

山羊特别喜欢吃幼小的松树苗，看上去，它们是那样的漂亮，像是棕榈树，下面是红色的树干，非常的细，上面是细软的针叶，犹如一把小扇子。 这可是山羊的美味佳肴啊！

长大的松树，山羊不敢触碰它，松针会刺伤它。

●森林通讯员　维卡里

大家齐心捉贼

黄色的柳莺成群地在林子里乱飞。 它们从这棵树上飞到那棵树上，从这边的草丛飞到那边的草丛。它们把整个树林都溜了一遍。 在每一棵树上，树缝里，哪儿有青虫、蛾子，就把它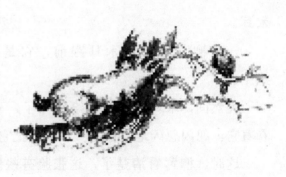们捉到后吃掉。

"唧！ 唧！"一只小鸟叫了起来，其他的鸟也警觉起来，好像有什么事情发生。 它们看到了一只鼬鼠，在树底下跑来跑去，不一会儿，露出白色的脊背，再过一会儿，又消失在枯树中。 它的身子细长细长的，扭动身子时，像小蛇一样，两只眼睛放射着凶光，在黑暗中像火球一样闪闪刺眼。

"唧！ 唧！"周围的鸟也都叫了起来，这群柳莺迅速从树上飞走了。

在白天还行，只要有一只鸟发现了敌人，其他的鸟就会逃走。 在夜间，许多鸟儿都在睡觉，但是敌人不会睡觉的。 猫头鹰煽动着翅膀，悄无声息地从远处飞来，看准小鸟的位置后，迅速抓过去。 睡得很香的小鸟还没明白怎么回事，就已经成了猫头鹰的美餐了。 其他的小鸟受到惊吓，四处逃窜。

天黑的时候，还真是不太好！ 这时，小鸟们向树林深处飞去，从这棵树飞到那棵树，从这里的灌木林飞到那边的灌木林。 这些身体较小的鸟儿穿过茂密的树叶，钻到最安全的角落。

在树林中间，有一个被砍伐过的树桩子，上面长了许多木耳。

一只柳莺落在了木耳跟前，它是想看看，这里有没有蜗牛。

突然间，木耳的小帽儿给顶掉了，下面有一双凶狠的眼睛看着它，忽闪忽闪地，像是一口就要把它吃掉似的。

这时，柳莺看清楚了，这张脸有些像猫的脸，还长着像钩子一样的嘴巴。

这个突如其来的家伙把柳莺吓了一跳，柳莺尖叫着："啾！啾！"其他的鸟也警觉起来，可是没有一只鸟飞走。大家伙聚集在一起，把那个可怕的树桩子围起来了。

"猫头鹰！猫头鹰！救命！救命！"

猫头鹰气得直吧嗒嘴，嘟囔道："你们为什么找我呀！不让我好好睡觉！"

周围的鸟儿听到了柳莺的信号，也都飞过来了。

捉贼呀！ 捉贼呀！

黄脑袋戴菊鸟从云杉树上飞了下来，云雀也从草丛里钻了出来，准备战斗。 它们在猫头鹰的周围转来转去，不断地戏弄它道："来呀！ 来抓我们呀！ 来呀！ 来呀！ 大白天的，你试试看，你这个可恶的夜游神！"

猫头鹰只是在那里吧嗒嘴，眼睛不停地眨着。 大白天的，它能有什么法子呢？

鸟儿越来越多。 柳莺和云雀的叫声更大了，把蓝翅膀的松鸦给叫来了，它可是树林里身强力壮的鸟了。

猫头鹰一看松鸦过来了，情况不妙！ 煽动着翅膀，逃跑了！ 还是活着好，逃命要紧，要不然，就会被松鸦啄死的。

松鸦在后面追着，追呀，追呀，最后把猫头鹰赶出了树林。

今天晚上，鸟儿们可以睡个安稳觉了，不会有人来打搅它们了。 猫头鹰受到了这次打击，不会那么快就回来的。

香甜的草莓

在树林边上，有许多草莓都发红了，这说明它们已经成熟了。 鸟儿找到红色的草莓果后，就衔着飞走了，它们会把草莓的种子带到很远的地方。 但仍有一部分草莓的种子留了下来。

在这棵草莓旁，已经长出了新苗，这是草莓的藤蔓。 藤蔓的梢儿上是一棵较小的植株，刚长出一簇丛生的叶子和根的胚芽。 这里还有一株，一棵藤蔓上长出了 3 簇丛生的叶子。 第一棵植株已深深扎根了，其他的还没有发育好。 要想找到带着去年的孩子的母植株，就要到青草稀疏的地方去找。像这一棵，母植株在中间，周围就是它的孩子们，一共有3圈，每一圈有5棵。

草莓就是这样，一圈一圈地向外扩散，使得自己的领地不断地扩大。

●尼·巴布罗娃

雪花飞舞

昨天早上，我们这里的河面上，雪花飞舞。白色的雪花在空中飞舞着，快要接触到水面了，它又迅速升起来，在空中盘旋着，又从空中飘落下来。

天气晴朗，没有一块黑云，太阳散发出热量，空气也变得暖和起来。这会儿根本没有风，只有雪花在空中飞舞。

现在，整个河面铺了一层白色的雪花，像一层厚厚的棉被盖在上面。

这场雪有些奇怪，竟然在太阳的炙烤下，没有融化，而是

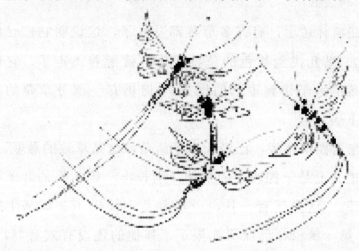

变得比较暖和、脆弱。

我们想要看看是怎么一回事。 我们走到岸边时，终于看清楚了，这并不是白雪呀！ 这是上百万个蜉蝣啊！

它们是在昨天从水里飞出来的。 整整 3 年，它们一直在黑暗的河底住着。 那个时候，它们还是幼虫，在河底蠕动着。

它们的食物是水藻和很臭的淤泥。 它们就这样一直呆在黑暗里，从未见过阳光。

就这样，一住就是 3 年。

昨天，这些幼虫爬到了岸边。 它们脱掉身上的外壳，把灵巧的翅膀展开，拖着 3 条细长的线，向空中飞去。

可是它们的寿命不长，只能活一天，它们在空中快乐地唱着、跳着，因而，人们叫它短命虫。

整整一天时间，都在空中舞动着，就像雪花一样自由地飞翔。 雌蜉蝣落在水面上，把卵产在水里。

太阳落山了，黑暗到来了，河面上撒满了短命虫的尸体。

蜉蝣的卵很快孵化成幼虫，幼虫又要在黑暗的河底待上 3 年，然后变成快乐的短命虫，展开翅膀飞到空中，快乐地跳着美妙的舞蹈。

可食用的蘑菇

夏日的雨后，蘑菇长出来了。 在松林里长的白蘑菇是最好的蘑菇。

白蘑菇比较肥壮、厚实，它的帽子是深栗色的。 它们能够发出一种香味，人闻了之后，觉得浑身舒坦。

在林中的小路旁，在浅草堆里，长出了一种油蕈。 它有时也会长在车辙里。 它们小时候比较好看，像一个毛毛球。 外形是好看，但你不能用手去摸，它身上有一种黏黏的东西，总会有什么东西粘到上面，有时是树叶，有时是干草杆。

在松林的草地上，还长有一种松蘑菇。 它全身是红棕色的，在远处就容易看到。 在这里，松蘑菇多得惊人！ 大点儿的松蘑菇跟碟子一样大，帽儿上面有许多的小洞，这都是虫子咬的，帽儿还发着绿色的光。

最好的松蘑菇，刚好与硬币的大小差不多。 这样的蘑菇才壮实、肥厚。 它们的帽儿中间的部分凹下去了，四周向上翘起。

云杉林里的蘑菇也是比较多的。云杉树下长出了白蘑菇和松蘑菇，但和松林里的不太一样。 白蘑菇的帽儿是深色的，有些发黄，它的柄细长。 这种蘑菇的颜色与松林里的相比较，就不大一样了，从上面看，帽

儿是绿色的，还有一圈圈的花纹，很像树的年轮。

白杨和白桦下面，长着林子里特有的蘑菇。 它们分别叫白杨菇和白桦菇。 即使白桦菇离白桦比较远，也能生长。 但白杨菇就不是这样了，它不可以离开白杨，不然，无法生存下去。 白杨菇是 种美丽的菇，体型优美，帽儿和柄都比较端正。

●尼·巴布罗娃

有毒的蘑菇

雨后的草地上，有毒的蘑菇也长出来了。 可以食用的蘑菇都是白色的。 可是，有毒的蘑菇也有白色的。 你可要小心啊！ 它可是最毒的一种蘑菇。 它比毒蛇还要厉害，更让人心寒。 若吃下一小块，就会丧命。 如果中了它的毒，很少有人能够康复的。

不用那么害怕，这种毒蘑菇容易辨认。 它的柄与其他可食用的蘑菇有很大的区别，好像是在大花瓶里插着。 听人们说，这种毒蘑菇容易与香菇搞混，但香菇的柄很普通，不会有人认为可在花瓶里插着。

这种毒蘑菇与毒蝇菇很相像，有人叫它白毒蝇菇。 如果把

它画下来，人们就很难辨认，究竟是毒白菇还是毒白蝇菇。 它们有相同之处，帽儿上面有白色的碎片，柄上好像围了一条围巾。

还有两种更可怕的毒蘑菇，人们经常会把它当成是白毒菇。 一个叫胆汁菇，另一个叫魔鬼菇。

它们与白毒菇有些区别。 它们的帽儿是粉红色或红色的。如果把白毒菇的帽儿掰开，里面也是白色的。 如果把胆汁菇和魔鬼菇的帽儿掰开，刚开始是红色的，慢慢就会变成黑色。

●尼·巴布罗娃

森林大战

（续前）

第四块被采伐过的空地，是大约 30 年前被砍光的。 这是我们的通讯员在那儿采访时所获得的消息。

小白杨和小白桦还没有长大，经常受到高大树木的欺侮，最后死在了它们手里。 这个时候，在树林的下层，只有云杉还活着。

强壮的白杨树和白桦树，在上面打闹着、嬉戏着，云杉只能在阴暗的角落里生长。 奇怪的事情又来了：如果谁长得快，谁就占了有利的一面，它就会欺压旁边的树，直至它们死去。

败者因为得不到阳光了，变得枯萎了，也倒下了。 在树叶帐篷的上方，出现了大洞，阳光从这个洞里射下来，照在云杉身上。

云杉害怕阳光的直射，不久，就生病了。

过了很长一段时间，它慢慢适应了强烈的阳光。

云杉恢复了健康，换上了新装。 这时候，云杉快速生长，这让它的敌人猝不及防，还没有补好上面的漏洞，云杉已经长到与白桦和白杨一样高了。 其他的云杉也跟着，把自己的长刺伸到了上面。

这时候，粗心大意的白桦和白杨，才清醒过来，可已经晚了，云杉都已经长高了，并住进来了。

我们的通讯员亲身经历了它们之间残酷的斗争。

强烈的秋风刮过来。 这些林木一看秋风来了，个个都兴奋不已。 阔叶树向云杉扑过来，用手臂拍打着敌人。

平时胆小的白杨，这会儿也舞动起来，用力抓住云杉，把它的枝条都折断了。

可是，白杨并不是好战士。 它们很脆弱，很容易被折断。云杉可不害怕它们。

白桦和白杨可不一样。 白桦比较柔韧，它的身体很强壮，又有弹性。 它的枝条在微风中，也可以舞动起来。 它一旦挥舞起来，周围的树木可要小心了，如果被它撞到了，就会有危险。

白桦和云杉展开了激烈的战争，它用柔韧的树枝不停地抽打云杉，云杉的许多针叶都被它打掉了。

如果白桦抓住了云杉的树枝，云杉的针叶就不停地下落；如果白桦撞了一下云杉，那云杉就会掉一块皮，云杉的树梢就会枯萎。

云杉可以战败白杨树，却斗不过白桦树。云杉的树干比较坚硬。它们不容易折断，也不容易弯曲，但它的树干没有弹性，所以不能用自己笔直的树干去抵御。

至于它们的结果是什么样的，我们的通讯员还无法看到。要想看到结果，那就要在这里住上几年。所以，我们的通讯员就去找森林战争结束的地方。

这样的地方，我们的通讯员是在哪里找到的，我们将在下一期《森林报》上报道。

恢复森林

我们的少先队员也开始了造林。我们在收集各种树木的种子，然后交给农庄和护林站。我们在校园里种植了许多小树苗，有枫树、白桦、橡树、榆树等。这些种子，都是我们自个儿收集的。

●少先队员　斯密尔诺娃　阿尔卡基诺娃

农庄生活

在我们这里的农庄，庄稼都快收割完了。现在，田里正是忙得不可开交的时候。收割下来的第一批麦子，是交给国家的，每一个农庄都是这样做的。

人们收割完黑麦，就开始收割小麦；接着收割大麦、燕麦，最后收割荞麦。

从农庄到车站，都挤满了人和车，大车上都装满了人们收获的粮食。

拖拉机还在田里"嗡嗡"作响，正在犁地，耕地，为明年的春播做准备。

夏天的浆果时候过了，果园里的苹果、梨和杏都成熟了。树林里长满了蘑菇。在满是青苔的沼泽地上，越橘变红了。孩子们拿着长棍在打一串串熟透了的甜枣。

现在，山鹑可不高兴了。一家人要来回搬家，从这块地搬到那块地，还没有填饱肚子，又要起飞，到另一块田里去。

这回，山鹑提前到了马铃薯地里。那里不会有人打搅它们了。

可是，人们又到马铃薯地里收获马铃薯了。马铃薯收割机开过来了。孩子们点起了火，在地上搭起了小灶，就在那里烤马铃薯吃。孩子们的脸上都是黑乎乎的，让人看了有些害怕。

山鹑从地里跑出来了，飞走了。它们的雏鸟已经长大了。现在，猎人可以打它们了。

得找个藏身的好地方，以便寻找食物呀！这上哪里找呢？所有的庄稼都收割完了。嘿！这里有，秋播的庄稼已经长高了。这下有吃的了，也有了藏身的地方。

现在种哪些树

你们知道，造林要种植哪些树种？

我们为了造林已经选好了 16 种乔木和 14 种灌木，这些树种在那里都可以种植。

下面是最重要的树种，有杨树、橡树、白桦树、榆树、松树、桫树、槭树、桉树、苹果树、梨树、洋槐树、蔷薇树、花椒树和醋栗等。

小朋友们应该知道这些知识的，并要牢牢记住它们，为了造林应该采集这些树木的种子。

◉森林通讯员　拉夫罗夫　拉里奥诺夫

机械化造林

造林需要的树木比较多，只靠人工种植，一天也种不了多少！机器种树可要快多了。

人类研究出来许多种精巧的机器，它们不但可以散播树种，还可以栽种树苗，甚至栽种成了材的大树。有挖掘土坑的机器，有整理土地的机器，有栽种防护林的机器，还有照料林木的机器。

造新湖

在我们北方，河流、湖泊和池塘比较多，大小不一。所以夏天感觉很凉爽。可在克里米疆区，池塘比较少，湖泊从未有过，只有一条小河从这里流经。

到了夏天，唯一的小河也变浅了，似乎要完全干涸了，我们卷起裤腿儿，就可以走过去。

以前，我们这儿的果园和菜园，经常会遭受干旱的侵袭。

现在，我们的果园和菜园不会再缺水了。我们这儿的人们新挖了一个湖，这个湖储水可达 500 万立方米。

这个湖可以供 500 公顷的菜地用水，还可以养鱼和鸟类。

我们成了造林的先锋

我们国家的人民都在辛勤地劳动。在第聂伯河上、伏尔加河上和阿姆河上，建起了大型的水电站。伏尔加河和阿姆河之间用一条运河连接起来，这里遍地都是防护林，可以保护田地不被风沙侵袭。

全国人民都参加了建设。我们少先队员也想帮助他们，做这项有意义的事。每一个少先队员都记得，站在国旗下的宣誓，要过有意义的生活，要做祖国的好公民。也就是说，我们要充分利用我们的双手，来建设我们的祖国。

在伏尔加河畔，已经种植了成千上万的槭树、榆树、杨树，贯穿整个草原。现在树苗还处于幼年时期，身体不够强壮，还有许多害虫、小动物的破坏，以及风的侵袭。

我们少先队员决定要担负起保护小树苗的责任，不让它们受到任何伤害。

一只椋鸟每天可以吃掉 200 只蝗虫。如果它住在森林带，那里就不会出现虫子了，这给森林带来很大的好处。我们一共制作了 350 个鸟房，都在森林带附近挂着。

对小树危害最大的是金花鼠和啮齿小动物。我们要和村子里的小朋友共同消灭它们，把它们的窝灌满水，再把笼子口罩在洞口上，它们一出来，就钻进了笼子。我们还要制作一种机器，专门对付金花鼠。

我们这个州的农庄主要负责补种小树。因而，它们需要的林木种子和树苗比较多。

今年，我们要收集 1000 千克的种子。每个学校也都要种植树木，为防护林提供树苗。我们要组织起巡逻小队，保护森林带，不让它们遭受破坏、践踏和发生火灾。

这就是我们少先队员应该做的工作。如果，全国的少先队员都这样做，那将为祖国做多大的贡献啊！

●萨拉托夫南校第六十三班学生

谋略

在田地里，只剩下光秃秃的麦秸秆了，这时，杂草都埋伏起来了。 杂草的种子落在了地上，把根扎进土里。 它们平静地等待春天的到来。

春天，人们把土地翻耕完，就开始种上马铃薯，杂草这会儿也从地下钻出来了，开始阻挡马铃薯的生长。

人们得想一个好方法，欺骗一下杂草。 他们把旋耕机开进田里，杂草的根被割成了许多小段。

杂草以为春天到了，因为天气比较暖和，土也比较松。它们就开始发芽，生长。 慢慢长高了，田里就变成了绿油油的一片。

人们都乐坏了！ 敌人被骗了！ 等杂草长出来后，在秋末，我们再把地翻耕一遍，这时，杂草翻到地下去了。 这么一来，在寒冷的冬天，它们就会被冻死。 杂草呀！ 你们不会再妨碍马铃薯生长了！

虚惊一场

树林的鸟兽们都惶恐不安，不知何故，树林边来了许多人，他们在地上铺满了干材。 有可能是新式捕鸟器！ 那我们的末日就要到了！

没有什么，这不过是虚惊一场，人们来到这里，并没有什么恶意。 他们在地上铺的是亚麻。 铺了薄薄的一层，排放整齐，在受到雨水和露水的浸泡后，就可以轻松地剥去它身上的纤维。

集体愤怒

现在，黄瓜田里沸沸扬扬，黄瓜们气愤地说道："为什么人们隔一天就会来这里，把咱们的绿衣都拿走了？ 让我们安安稳稳地成熟，不好吗？"

可是人们只留下了少数作为种子，其他的绿色都被摘走了。 绿色的黄瓜可口，好吃。 如果等到成熟，就不能吃了。

农庄新闻

苗木展览会

我国各地的乡镇和城市，每年要举行一次苗木展览会。在中部和北部各州，在每年的 10 月举行；南方各州，在 11 月举行。

现在，在国家苗木场已经有上千万的小树苗，有苹果树苗、山楂树苗、浆果树苗和其他的树苗。在没有花园和果园的地方，也都开辟了新的花园和果园。

神眼人的通告

8 月 26 日，我去送一车干草。正走着，抬头看到猫头鹰在树干上蹲着，目不转睛地盯着干树枝堆。我想：肯定发生了什么事！猫头鹰离我这么近，为什么不飞走呢？我下了马车，慢慢走过去，捡起一根树枝向它扔过去。它飞走了。

猫头鹰刚飞走，从树枝堆里飞出 10 多只小鸟。它们为了躲避猫头鹰的追杀，才躲到这里的。

●森林通讯员 波利琐夫

幸福家庭

在五一农庄，母猪杜拉生了 26 头小猪。在 2 月，它生了 12 头小猪，我们还为它祝贺呢！这下，它的孩子可真多呀！

空手而归

　　一群蜻蜓飞到了蜂场，要捉蜜蜂吃。 可是什么也没有捉到。 令蜻蜓不解的是，连一只蜜蜂也没见到。 这个时候，蜜蜂都搬到树林里居住了，那里有盛开的帚石南花。

　　它们可以在那里酿造黄色的帚石南蜂蜜。 待帚石南花谢了，它们就会搬回来住了。

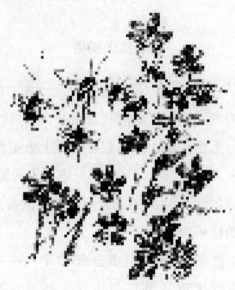

带着猎犬捕猎

在8月里的一个早上，我和塞索伊奇一块去捕猎。我的两只猎犬兴奋地叫着，还不停地向我身上扑。拉达是塞索伊奇的一只赛特猎犬，毛色柔软，身体强壮，看上去很漂亮。它抬起前腿，搭在了主人的肩膀上，还舔了一下主人的脸。

"去，去，你这个讨厌的家伙！"塞索伊奇用袖子擦了擦嘴，装出生气的样子说。

这个时候，3只猎犬已经离开我们了，在草地上跑着，跳着。漂亮的拉达迈开灵巧的步伐，开始狂奔，它花白的身影一会儿消失在碧绿的灌木丛里，一会儿又不知什么时候钻出来了，在奔跑的过程中，它们兴奋地直叫。我的两只猎犬，好像有些不高兴了，它们"呜呜"地叫着，拼命去追拉达，可就是追不上。

就让它们跑一会吧！

我们来到了灌木林边。它们听到口哨，马上就跑过来了，在我身边转来转去，并在草墩和灌木上不停地嗅着。

拉达跑到我们前面去了，它高兴地跑着，跑着，突然间，它站在那儿不动了。

它好像是看到了一个网子，一动不动了，而且还保持着刚才奔跑的姿势，头向左偏着，脊背拱起，左前脚抬起，像羽毛似的尾巴伸得非常直。

这不是什么铁丝网，而是它嗅到了野禽的气味，使得它停了下来。

"您打吧？"塞索伊奇对我说。

我没有答应他。我把我的两只猎犬叫过来，让它们爬在我的脚边，以免它们添乱子，别把拉达发现的猎物吓跑了。

塞索伊奇慢慢地走到拉达身旁，从肩上取下猎枪，右手指放到了扳机上，随时都会扣动扳机。他没有急着让拉达向前走，而是在欣赏着拉达发现猎物时的优美姿势。

"向前走！"塞索伊奇下达了命令。

拉达还是站在那里，一动不动。

我想，"这里肯定有一窝琴鸡"。塞索伊奇再次命令，拉达开始向前走了一步，"砰！砰！"几声枪响，棕红色的大鸟从灌木丛里飞出来了。

"拉达，向前冲！"塞索伊奇一边重复着命令，一边举起了枪。

拉达飞快地向前跑去，转了半圈，又站在那里不动了。这次停在了别处。

那儿有什么东西呢？

塞索伊奇走过去，命令道："向前走！"

拉达钻进了灌木丛里，很久才出来。

这时，在灌木丛的后面，飞出来一只红棕色的鸟，不是很大。它煽动翅膀时，感觉很无力。它的两只脚好像是受了伤，在身后拖着。

塞索伊奇把猎枪放下，气愤地把拉达叫回来。

原来这是一只山鸡。

这是草地上的一种野禽，在春天的时候，它的叫声比较刺耳，猎人还是比较爱听的，但在捕猎的季节里，猎人就非常讨厌它了。它会在草丛里钻来钻去，猎犬没法指示方向，好不容易做出进攻的姿势，它早就从草丛里溜掉了，叫猎犬白忙活一场。

现在，我和塞索伊奇分手了，说好了在小湖边见面。

我沿着一条小峡谷走去，峡谷里树木丛生，百草丰茂。我的两只猎犬跑在了前面。我准备好随时放枪，两只眼睛盯着它们两个，它们随时会惊动野禽。它们在灌木丛里钻来钻去。它们的尾巴，像风扇似的，不停地摇摆着。

确实是这样，不能让它们长出长尾巴的，不然，它们的尾巴就会打动草木，会弄出很大的响声，而长尾巴也会被灌木磨破皮的。猎犬长到3个星期大的时候，尾巴就砍断了，以后就不会长了。留下来的半截尾巴，刚好用手抓住。如果落入了沼泽里，抓住尾巴就可以把它拉上来。我盯着它们俩，自己也不知为何，还可以看见周围的景色，看见奇怪的景观。

我看到太阳爬上了树梢，照得青草和树叶发出了耀眼的光芒。在青草和灌木上，有许多闪闪发光的蜘蛛网，像一根根细线。 松树的树干有些弯曲，好像是一把椅子，只有童话中的森林神才可以坐上去。 可是并没有森林神，在那个座位上，聚集了好多的水，有几只蜘蛛在那里跳舞。

两只猎犬在那里喝水。 我的喉咙也发干了。 在脚边，有一片宽大的树叶，上面有一颗露珠，闪闪发光，很像是一颗价值不菲的宝石。

我弯下腰，轻轻摘下这片叶子，连同叶子上的最纯洁的水滴。 这是一滴吸收了朝阳的水滴。

感觉有什么东西碰到了我的嘴唇，原来是一片毛茸茸的、湿漉漉的树叶，树叶上的小水珠滚落到了我的舌尖上。

这个时候，我的一只猎犬山姆叫了起来："汪！ 汪！ 汪汪！"我放弃了那片树叶，让它随处飘吧！

山姆一边狂叫着，一边沿着河边跑去。 它的尾巴也摇得更厉害了。

我赶快向河边跑过去，想赶到猎犬的前面。

可是已经迟了，一只我们没有发现的鸟儿，煽动着翅膀，从白杨树后面飞起来了。

它一直向上飞，这时，看清楚了，是一只野鸭。 我还没有瞄准，就开始放枪，霰弹穿过树叶，打到了野鸭。 野鸭落入了水里。

这一切来得太突然了，我感觉像是没有开枪，是在意念的引导下打死了野鸭。 这个念头一闪而过，野鸭就落入了水里。

山姆也跳入了水里，迅速游过去，把猎物衔了回来。 山姆顾不上抖落身上的水，把猎物送来了。

"很好！谢谢你！老伙计！"我弯下腰，用手抚摸着它的头。

这时，它开始抖身子了，水滴一下子溅到我身上了。

"你这个无礼的家伙！走！我们走！"

山姆开始跑了。

我用手指捏住野鸭的嘴巴，把它提起来，掂量掂量，看有多重。好样的！嘴巴还挺结实，承受得住身体的重量。这说明这不是一只幼野鸭，而是一只成年的野鸭。

我把它挂在了背带上。两只猎犬也开始向前跑去了。我一边追它们，一边往枪里装霰弹。

峡谷到这里比较开阔了。沼泽地一直通到斜坡的高岗边，那里有许多的青草和苔草。

山姆和鲍仪在草丛里乱窜，它们在那儿发现什么了？

顿时，好像整个世界都来到了这片沼泽地。这时的心情是马上就能看到猎犬发现的是什么，如果有野禽，可不要让他们跑掉呀！

我的两只猎犬钻进了草丛里，看不到它们了，只有它们的耳朵时隐时现。它们在那里做着"搜索跳跃"的运动，它们跳起来，可以看到附近的猎物。

只听见"扑腾"一声，一只长嘴沙锥从草丛里飞出来。它飞得很低，速度比较快，弯弯曲曲地飞着。

我瞄准后，放了一枪，它还在飞行。

沙锥在空中盘旋了一会，随后两腿伸直，落在草墩上，离我比较近。它站在那里，嘴巴在地上支着，好像一把利剑。

离我这么近，又一动不动，我不忍心打它了。

这时，两只猎犬跑过来了，它们又把它冲飞了。这次，我用左枪管射击，仍没有打中！

哎呀！这是怎么回事！我都打了30年枪了，打过几百只，可是一看到野禽飞起来，心里还是有些紧张。这次，有些太着急了。

这能有什么办法呢！现在得去找琴鸡了，不然，塞索伊奇就会瞧不起我。他肯定会问起我，你打到什么猎物了？城里人比较喜欢沙锥，它的肉很香，村里人不看重它，个头儿太小。

在山丘后面，塞索伊奇的第三次枪声响了。也许他已经打到5000克的野味了。

我淌过小溪，向斜坡走去。从斜坡向下看，可以看很远，有一片被砍伐过的空地，再远一些，就是黑麦田。咦！那不是拉达吗！在那里窜来窜去，那不是塞索伊奇吗！

呵呵！拉达站住了！

塞索伊奇走了过去，接着，就是两声枪响。

拉达去捡猎物了。

我也别在这里看了。这时，我的猎犬已经跑进了树林里。我突然想起，如果我的猎犬跑进密林深处，那我就顺着空地走。

空地非常的宽阔，如果有鸟儿飞过，只需要开枪就成了。只要猎犬把鸟儿往这边撵。

鲍仪叫了起来，山姆也叫了起来。我赶快向它们跑过去。

我跑到了猎犬的前面。它们在那儿干什么呢？是不是有琴鸡钻进了灌木丛，引得猎犬到处找。

"扑搭"一声，一只琴鸡从里面飞出来了，浑身黑乎乎的，像是被火烧了一样。它顺着空地飞去。

我举起枪，连放两枪。

琴鸡拐了个弯儿，钻入了树林里，消失了。

是不是又没打中？不会呀！这次我瞄得很准的呀！

我把两只猎犬叫回来，向琴鸡飞去的地方走去。我在那里找，猎犬也在那里找，可就是不见琴鸡的影子。

唉！今天真是倒霉透了！可是你用得着生闷气吗！猎枪是最棒的，霰弹是自己装的。

我再碰碰运气，到了湖边，也许会好一点。

我又回到了空地，离这儿不远，有一个小湖。这会儿，我更气愤了，猎犬不知跑到哪儿去了，怎么叫它们，都没有回来。

不管它啦，我一个人去吧！

鲍仪不知从什么地方回来了。

我想，你跑到哪里去了！你以为你是猎人呀！那好吧，你拿枪，自己去放呀！为什么不动，是不会吗？你为什么四脚朝天？你看你都成了什么样子了？今后要听话点儿。你们都是一些笨家伙。人家不会像你们，能够指示猎物。要是有拉达在，就不是这个样子了。也许我能打中许多猎物。飞禽在拉达面前，就像是用绳子拴住了似的，根本无法逃脱。那么，打中它也就很容易了。

这时，走过几棵大树，平静的湖面就映入了我的眼帘。我又有了新的希望。

湖边长满了芦苇。不知何时，鲍仪已经跳入了水里，快乐地游着，还把芦苇弄得歪歪斜斜。

鲍仪"汪汪"叫了起来，从芦苇里飞出一只野鸭，"嘎嘎"

地叫着。

我朝野鸭放了一枪，野鸭刚从芦苇飞起来，就被我打中了。长长的脖子一歪，"啪嗒"一声，掉进了湖里。它的肚皮朝上，在湖面上躺着，两只红色的脚掌还在划水。

鲍仪游过去。刚要张嘴去咬它，突然，野鸭钻入了水中，消失了。

鲍仪被弄得一头雾水，野鸭到底去哪了？鲍仪在那里找来找去，可就是没有找到。

忽然间，鲍仪扎进了水里。这咋回事？它是不是让什么东西给缠住了？会不会沉到水底？这如何是好。

野鸭浮上来了，慢慢向岸边游过来。它游的姿势很特别，脑袋在水里浸着，身子向一边侧歪。

哇！是鲍仪衔着它！它在野鸭后面，所以看不见它的脑袋。太好了！鲍仪潜入了水里，把猎物找了回来。

"很不错呀！收获不小啊！"这是塞索伊奇的声音，他从我身后悄悄走了过来。

鲍仪游到了草墩边，爬了上去，把野鸭放下，开始抖身上的水。

"鲍仪！赶快衔过来，快点衔过来！"
它竟然不听话了，对我的喊声没有任何反应。

山姆不知从哪里钻出来了。它游过去，朝儿子叫了两声，然后衔着野鸭给我送来了。

它抖落身上的水，跑进了灌木丛。这是我意想不到的收获，它竟然从灌木丛里衔出来一只死琴鸡。

难怪很久没有看见它了，原来它一直在林子里跟踪琴鸡。也许就是那只被打伤的琴鸡，它找到后，赶快衔了回来，它是小跑回来的，这段路足有 500 米。

在塞索伊奇面前，我有这两只猎犬，我感到很自豪！

真是一只忠实的猎犬呀！ 它为我服务了 11 年了，一直都是尽心尽力，非常勤快。 可是它们的寿命不是很长，这也许是最后一次陪我出来捕猎了。 以后，我还能找到像你这样的猎犬吗？

我在篝火边喝茶时，这些想法一直回荡在脑海里。

塞索伊奇把自己的猎物都挂在了白桦树上，他打到了两只小松鸡和小琴鸡。

3 只猎犬围着我，眼睛一直注视着我，好像是向我要猎物吃。

不会少它们的，它们干得非常棒，都非常优秀。

时间还真快，马上就到中午了。 头顶的天空是蔚蓝的，白杨树的叶子在空中舞动着，发出一阵阵响声。

这真是太美了！ 塞索伊奇坐下来，抽起了卷烟。 他陷入了沉思。

太棒了！ 接下来，我就要听到他捕猎传奇故事了。

现在打刚出巢的鸟儿，正是好时候。 要打到机灵的鸟儿，就必须用心计。 光靠这些是不行的，还要了解野禽的生活习性。

捕猎野鸭

猎人们都知道，小野鸭学会飞以后，它们就会集体飞行，从这里飞到其他的地方去。 一天要来回飞行两次。 白天，它们要钻进芦苇丛里去休息、睡觉。 傍晚，它们就飞出来，向另外一个地方飞去。

猎人已经在这埋伏好了。 他知道野鸭要飞到田里去，所以在那等它们来。 他躲在岸边的灌木丛里，面对着湖面，看着落日。

太阳快要落山了，这时，天空中出现了晚霞，把大地照得通红。 野鸭在晚霞的照射下，黑色的身影很显眼。 它们朝这边飞过来了。 他很容易瞄准，从灌木丛后面趁其不备，打上一枪，肯定会收获很大。

他连续打枪，直至天黑才停下来。

夜间，野鸭就在麦田里吃食。 早晨，它们回到了芦苇丛。猎人正在那儿等它们呢！

现在，猎人的脸朝着东方，背水站着。 成群的野鸭朝他的枪口飞过来了。

我的得力助手

一窝小琴鸡正在树林里找食吃。可是，它们总是挨着林边走，原来，它们一旦遇到不测，可以快些逃进树林。

瞧！它们在那儿啄浆果吃呢！

有一只小琴鸡，听到了草丛里的脚步声，抬头一看，从草丛里伸出一张可怕的面孔，肥大的嘴唇，两只眼睛放射着凶光，死死地盯着小琴鸡。

小琴鸡害怕了，整个身子缩成了一团儿，两只小眼睛看着这张兽脸，看下面会发生什么事。只要它往前走一步，小琴鸡就会飞起来，那你就到空中去捉我吧！

时间过得还真慢呀！那双凶狠的眼睛还在盯着小琴鸡。小琴鸡非常害怕，没敢飞起来。可是那个家伙也一动不动。

突然，有人喊了一声："向前走！"

那只野兽就扑了过来。小琴鸡也飞起来了，速度极快，像一支箭似的，向树林飞去。

只听"砰"的一声，闪过一道光，树林里冒出了浓烟。 小琴鸡头一歪栽到了地上。

猎人把小琴鸡捡起来，又叫上猎犬向前走了。"轻点儿！认真地找，拉达，赶快找！"

藏身

云杉树长得很高大，树林里黑乎乎的。 四周非常安静，没有任何的声音。 太阳已经落山。 猎人在安静的树林间走着。

前面发出了一阵响声，好像是树叶的声音，这会儿刮来了一阵风，吹动了树叶。 再往前，就是白杨树林了。

猎人站住了。 可这会儿，又安静了。

现在，又开始响了。 有点像雨点声，打在了树叶上，"吧嗒，吧嗒，啪，啪，啪……"

猎人慢慢地向前走着，很快就靠近了白杨树。"吧嗒，吧嗒……"又听不到声音了。 树叶太稠密了，根本看不清楚是什么。

猎人停下来，站在那里一动不动。

看看谁的忍耐力强，是那个藏在白杨树上的，还是埋伏在树下的、拿着猎枪的人呢？

很久了，没有任何的动静。 周围显得很安静。 后来，那种声音又响起来了，"吧嗒，吧嗒，吧嗒……"

这回可知道了。

一个黑色的身影，不知是什么东西，在啄白杨树的树枝，发出的声音。

猎人瞄准那个黑影，放了一枪。 那个不在意的小松鸡，从白杨树上掉了下来。

这种捕猎是比较公平的。 飞禽藏得很隐蔽，猎人来得也是毫无知觉。

要比试的是：谁先看到了对方？ 谁的忍耐力更强？ 谁的眼睛比较亮？

琴鸡上当

云杉树林里密密麻麻，猎人顺着小路走着。

"扑腾，扑腾"，脚下边飞起了许多琴鸡，8 只，不，10 多只呢！

还没来得及举枪，就已经飞到云杉树上了。 不用白费劲去找它们了，树叶密密麻麻，无法看清楚。

这时，猎人躲到了一棵云杉树后面。 他从口袋里掏出小笛子，吹了一下，然后坐在了树墩上，一只手拿着枪，准备好随时放枪，另一只手拿着笛子放到嘴边吹。

这场戏也就开始了。

小琴鸡这会儿都隐藏了起来，不知什么时候会出来。 在妈妈没发出"安全了"的信号前，它们是不会出来的，也不会发出声音。 每一只琴鸡都老老实实地待在那里。

"啾！ 啾！ 啾啾啾！"这就是信号，是说："可以啦！ 安全啦！"它继续叫，"啾！ 啾啾啾！"

琴鸡妈妈肯定地说："安全啦！ 安全啦！ 飞到这里来吧！"

　　一只小琴鸡从树上飞下来了，在地上跳着。它在认真地听妈妈的声音是从哪里发出来的。

　　"啾啾啾！啾啾啾！在这儿呢，到这边来吧！"小琴鸡跑到了小路上。"啾！啾！"原来声音在这儿呢！在云杉树的后面，在树墩旁边。

　　小琴鸡跑了起来，顺着小路飞快地跑着，可它没想到，自己正冲着猎人的枪口跑来。

　　猎人看它靠近了，就放了一枪，然后又开始吹笛子。笛子又发出了妈妈的声音："啾啾！啾啾啾！啾啾！"

　　又有一只小琴鸡上当了，白白来送命了。

●森林报特约通讯员

黑熊受到了惊吓

这天夜里，猎人从树林里走出来时，已经很晚了。他走到了一块燕麦地，定睛一看，燕麦地里好像有个黑乎乎的东西，在那里不停地转着圈儿。

那到底是什么呀？是不是牲口闯进了燕麦地？

猎人看了看，惊讶起来！原来是一只大黑熊。它肚皮朝下，趴在了地上，用两只前掌搂着麦穗，往身子底下一压，正在那里吮吸呢！它趴在那里，一副很得意的样子，嘴里还不断地哼着。看来，它非常喜欢吸燕麦的汁液。

这个时候，猎人没有带子弹，身上只有一颗小霰弹。这个猎人是个很勇敢的人。

他心想："能不能打死它，先放一枪再说。总不能让它在那里胡作非为呀！不给它点颜色看看，它是不会停下来的。"

猎人瞄准后，朝黑熊放了一枪，刚好打在了耳朵上。

这一声枪响，可把黑熊吓坏了，迅速跳起来，往干草堆跑去。

黑熊跳过去后，还摔了一跤，站起来，又往树林深处逃命去了。

哎呀！ 黑熊胆子这么小啊！ 猎人大笑一阵，就拿着猎枪回家了。

第二天早上，猎人想："我得去看看燕麦田，到底践踏成什么样子了。"他到这里一看，地上有许多熊粪，一直到树林里。 有可能是昨晚受到惊吓，拉肚子了。 猎人心想。

猎人顺着熊粪找过去，在树林里发现了它，可是已经死去了。 呀！ 它可是树林里最凶猛的野兽呀！

与众不同的野鸭

在湖面上，有一群野鸭游过来了。

我从岸上观察着，突然，我看到这群野鸭中间，有一只浅色羽毛的鸭子，特别显眼。 它总是在中间待着。

我拿着望远镜，细细地观察它们。 它全身都是浅色的。当太阳升高一点后，阳光更强烈了，这时，从它身上发出一道白光，照得人的眼睛很难睁开，它在同类中，显得比较突出。其他地方，与这些野鸭没有什么不同。

我狩猎都 50 年了，还是头一次见到这种野鸭。 这是一只患病的野鸭，它的血液里缺乏色素，一生下来，全身上下都是白色的，或是颜色非常浅，终生都是这样。 自然界的动物都有保护色，这样才能保证自己的安全。

这样的野鸭很稀少，不知它是怎样躲过敌人的利爪的。 现在不好办了，它们落在湖的中央，这让人不容易打到它们。 我有些焦急了，但也只能等待机会，等这只野鸭靠近岸边，离我近一些。

我没有想到，机会这么快就来了。 这一天，我沿着湖边正走着，突然间，从草丛里飞出来几只野鸭，那只白野鸭也在其中。 我举起枪就打，可是它被一只灰色的野鸭挡住了。 灰野鸭落了下来，那只白野鸭和其他的野鸭逃走了。

这是偶然吗？ 也许是的。 在这个夏季，我又看到过它几次，可是每次都在湖中央，有很多的野鸭围着它，好像是保卫队一样。 所以，猎人的枪每次都打在了灰色的野鸭身上，白野鸭安然无恙地飞走了。

我一直都没打到这只白野鸭。

这件事发生在皮洛斯湖上，皮洛斯湖位于诺夫哥德州和加加尔州的交界处。

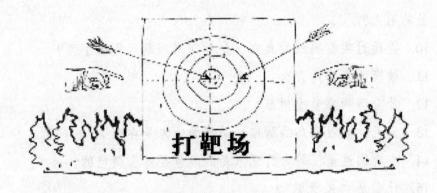

打靶场

第六场竞赛

1. 在水里，有一条鱼在自由地游着，你知道它有名字吗？

2. 蜘蛛在蜘蛛网的旁边埋伏着，有没有捉到猎物，它是怎么知道的？

3. 哪种野兽会飞？

4. 在白天，小鸟发现了猫头鹰，它会怎样做？

5. 身上带着剪刀，很像是裁缝；猪鬃随身带着，像个鞋匠。（谜语）

6. 蜘蛛什么时候才可以飞行？是怎样飞的？

7. 什么样的昆虫（成虫）没有嘴？

8. 家燕和雨燕在晴朗的天气里，飞得很高，为什么在阴天，飞得很低，甚至贴着地面飞？

9. 在下雨前，为什么家鸡要梳理自

己的羽毛？

10. 你通过观察蚂蚁的巢穴，是如何来判断天是否下雨？

11. 蜻蜓的食物是什么？

12. 什么动物喜爱吃树莓？

13. 夏天，要观察鸟的脚印，最好的地方是在哪里？

14. 在我们这里，最大的啄木鸟的颜色是什么颜色的？

15. 什么是"鬼喷烟"？

16. 整个身材分成三样，头已经放在餐桌上，躯体躺在院子里，脚还在田地里。（谜语）

17. 扔了它的肉，吃下它的头，穿上它的皮。（谜语）

18. 一位农民，身穿金衣，腰缠黄丝带，躺在地上，起不来，等人来抬。（谜语）

19. 我们相隔很远，喜欢聊天。我不开口说，却能把话答。（谜语）

20. 没有任何惊吓，它却浑身抖动？（谜语）

21. 什么草儿长得奇怪，盲人也可以认出它？（谜语）

22. 什么东西长在麦田里，但却不能吃？（谜语）

23. 出生在水里，居住在地上，坐在那儿，瞪着眼睛。（谜语）

通 告

寻找椋鸟

椋鸟不见了？白天，在田里和草地上，有时，也能见到它们。晚上，却不知它们去哪儿了？小椋鸟刚学会飞，就抛弃了巢，不管了，也从没回来过。如有知道者，请告诉我们！

◉《森林报》编辑部

向读者问好

我们是从北冰洋沿岸和其他的小岛飞到这里来的，那里的许多海狮、白熊、海象、格陵兰海豹和鲸，都要求我们向读者问好。

我们还可以把读者的问候，带给非洲狮子、河马、斑马、鳄鱼、鸵鸟、鲨鱼和长颈鹿。

◉飞到这里的游客：沙锥、野鸭和海鸥

"神眼" 称号竞赛

这是谁的影子

图1　　　图2　　　图3　　　图4

上面的 4 幅图中，哪一种是雨燕，哪一种是家燕？

如果你坐在空地上，田野里，山坡上或是河岸边上，太阳高高悬挂着。 你的头顶有许多猛禽飞过，在地面上或河面上，它们的影子很快就掠过。

如果你的眼睛很锐利，已经看清楚了，你不用抬起头，根

图5

据掠过的影子，你就可以辨认出是哪一种猛禽。

这是一个快速掠过、浅淡的影子。翅膀比较窄，很像镰刀，尾巴比较长，并且很圆。（图5）这是什么鸟呢？

这只鸟的影子和图5的很相像，它的影子稍微宽了一些，翅膀比较厚，尾巴很直。（图6）这是什么鸟儿呢？

图6

这只鸟的影子比较大，翅膀更宽厚

一些，尾巴很像扇子，又尖又圆。（图7）这是什么鸟呢？

影子也比较大，翅膀弯曲，尾巴尖，上面还有个缺口。（图8）这是什么鸟？

影子更大一些，翅膀折成了三角形，翅膀尖上好像是剪去了一点，尾巴两边成了直角。（图9）这是什么鸟？

影子非常大，翅膀也非常的宽大，翅膀尖像是伸开的 5 个手指。头和尾巴都比较小。（图10）这是什么鸟？

图7　　　　图8　　　　图9　　　　图10

请说一说,这里画着哪几种蘑菇?

请说一说，这里画着哪几种蘑菇？（看图(1)—(15)）

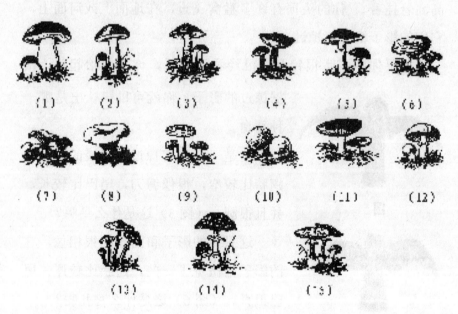

(1)　　(2)　　(3)　　(4)　　(5)　　(6)

(7)　　(8)　　(9)　　(10)　　(11)　　(12)

(13)　　(14)　　(15)

打靶场答案

"神眼" 竞赛答案及
解　释

打 靶 场 答 案

请核对你的答案有没有射中目标

第四场竞赛

1. 6 月 21 日。这是一年中白天最长的。

2. 刺鱼。

3. 小老鼠。

4. 生活在沙滩上的鸥和沙锥。

5. 与沙子和鹅卵石相同的颜色。

6. 后脚。

7. 有 5 根刺。有 3 根在背上，
   2 根长在肚子底下。我们这
   里还有 9 根刺的刺鱼。

8. 家燕的巢入口在顶部，金腰燕的巢入口在旁边。

9. 因为巢里的蛋有人动过，这些鸟儿就会丢下这个巢。

10. 有。

11. 翠鸟。

12. 因为这些鸟儿把做巢的那棵树上的青苔，装饰在巢的外面，
    把巢伪装起来了。

13. 并非都是这样，有一些鸟，如燕雀、金翅雀、柳莺孵 2 次
    小鸟，还有一些鸟，如麻雀、鸭鸟一个夏天孵 3 次小鸟。

14. 有的。在长有青苔的沼泽里，生长着一种毛毡苔，它的叶子非常的黏，如果有蚊子、小飞蛾和其他昆虫落到上面，就会被它吃掉。在小河或湖泊中，生长着一种狸藻，它长有一个捕虫囊，如果小虫、小虾和小鱼钻了进去，就会被它捉住。

15. 银色水蜘蛛。

16. 杜鹃。

17. 黑云。

18. 割草：割下草儿，堆成草垛。

19. 麦穗。

20. 青蛙。

21. 影子。

22. 山羊。

23. 回声。

24. 刺猬。

第五场竞赛

1. 在雏鸟还未出世之前，嘴巴上面长有一个硬疙瘩，雏鸟就是用这个东西啄破壳的。这个硬疙瘩被称为"啄壳齿"。雏鸟出生后，这个硬疙瘩自然就脱落了。

2. 牛长有长长的尾巴。因为在吃草的时候，它可以用尾巴，赶走令它反感的蚊子。如果牛没有了尾巴，就无法把牛虻和牛蝇赶走了，也就只能晃脑袋或是换到别处去，这样，它吃草就会变少。

3. 因为这种蜘蛛的脚比较长，很容易折断。走路的动作，好像是在割草。

4. 夏季，这个时候，雏鸟和无力的小鸟比较多。

5. 鸟类。

6. 许多昆虫都是这样的，如蝴蝶，它是先产下卵，由卵变成幼虫，再由幼虫变成蛹，最后由蛹变成蝴蝶。

7. 因为鹅的羽毛上面被一层油脂覆盖着，所以，水落到了身上，就会滑下去。

8. 因为狗没有汗腺，而马身上有。狗伸出舌头是为了更好地散热。

9. 杜鹃的幼鸟。杜鹃产下了蛋以后，就把蛋放到别的鸟巢里，让其他的鸟来喂养。

10. 歪脖鸟。

11. 小白嘴鸦的嘴巴黑黑的，而老白嘴鸦的嘴巴是白色的。

12. 刺鱼。

13. 蜜蜂蛰了人后，就死去了。

14. 吃蝙蝠妈妈的奶。

15. 向着太阳，也就是正南方。

16. 雷和闪电。

17. 早上，亚麻开淡蓝色的小花，到中午的时候就谢了。

18. 红色的蘑菇，也就是牛肝菌。

19. 野蔷薇的浆果。

20. 蛙蛇。

21. 露水。

22. 蚂蚁。

23. 蜗牛。

24. 野蔷薇。

第六场竞赛

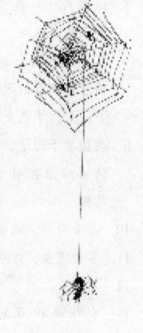

1. 鱼的体重刚好与自身排出的水量相等。

2. 蜘蛛在一旁埋伏着，用一只脚抓住绷紧的蜘蛛丝，丝的另一头粘在蜘蛛网上。如果有猎物落在了网上，蜘蛛网就会震动起来，那根绷紧的细丝也会震动，这样，蜘蛛也就知道有猎物落网了。

3. 蝙蝠。在我们这里，还有一种会飞的松鼠，如鼯鼠，它可以飞出 10 多米远，它的脚趾间有一种薄膜。

4. 它们集体飞起来，大叫着，向猫头鹰冲过去，直到把它赶走。

5. 虾。

6. 在秋天，天气晴朗的日子里，风会把蜘蛛丝吹起来，也会把身材较小的蜘蛛带到空中去。

7. 蜉蝣。

8. 这些燕子一边飞行，一边捕捉小虫、蚊子和小昆虫。在晴朗的天气里，空气比较干燥，这些小昆虫就飞得很高。在潮湿的天气里，空气中的水分多，那些小昆虫就飞不高了。

9. 天快要下雨了，鸡就会把尾骨腺分泌的油脂涂在羽毛上。尾骨腺在鸡的尾部。

10. 在下雨前，蚂蚁就会藏进洞里去，把所有的洞口都堵上。

11. 各种飞虫，如苍蝇、蜉蝣、河樏子。

12. 熊。

13. 在稀泥和污泥上，或在河岸、湖岸、池塘边。许多鸟儿飞到这里，它们都留下了脚印。

14. 身上的羽毛是黑色的，而头部的冠毛是红的。

15. 马勃菌的芽孢（bāo）。成熟的马勃菌，只要轻轻碰触，就会破裂，喷出一团烟雾，所以，都叫它"鬼喷烟"。

16. 麦穗：麦秸秆在场地里，麦粉做的面包在餐桌上摆着，麦根留在了田地里。

17. 大麻。用大麻皮可以搓成绳子，剥掉后的茎秆没有多大用途，也就扔掉了。它的头就是大麻籽，可以榨油。

18. 一捆捆麦秸。

19. 回声。

20. 白杨树。

21. 荨麻。

22. 矢车菊。

23. 青蛙。

"神眼"称号竞赛答案及解释

第三次测验

图1. 是啄木鸟的洞。请注意：在洞下面的地上，有许多的木屑，好像是刚锯下来的。这些木屑是啄木鸟在造房子时，用自己的嘴巴凿掉的。树干上非常干净，一点都没弄脏。啄木鸟非常爱干净，自己的家业整理得非常整洁。

图2. 是椋鸟在树洞里孵出了雏鸟。树下没有新木屑，整个树干上全都是熟石灰一样的鸟屎。

图3. 是鼹鼠洞。鼹鼠生活在地下，夏天它会爬到离地面较近的地方，把那里的土扒得很松软，再堆成一个小土堆，自己就躲在里面不出来。

图4. 这是灰沙燕的地盘。它们在砂岩上挖洞，来建造自己的房子。有人认为，这是雨燕的洞，可是雨燕从不会在这样的洞里建房的。雨燕的房子建在顶楼上、钟楼上、较高的树洞里、岩石上和椋鸟巢里。

图5. 松鼠巢。它是用树枝搭建的，成一个圆形，里面铺上了一层青苔，有些青苔在外面露着。你看到外面有青苔，马上就知道了，这不是鸟巢。

图6. 这是獾挖的洞，可是狐狸却住在里面。一看就知道，这是具有高水平的兽挖的，这个洞有好多个出入口，每一个都完好无损。可是洞口却有许多家鸡和琴鸡的

骨头，啃过的兔子的脊梁骨。这些杂乱的东西，是狐狸吃剩下的。

图7. 这个洞也是獾挖的，它就住在里面。獾是非常爱干净的野兽。在它居住的地方，没有一点脏的地方。它的食物是软体青蛙和嫩植物的根。

第四次测验

图1. 小鹧鹕

图2. 琴鸡妈妈

图3. 小野鸭

图4. 小琴鸡

图5. 红脚隼爸爸

图6. 小燕雀

图7. 燕雀爸爸

图8. 小红脚隼

图9. 野鸭爸爸

图10. 鹧鹕妈妈

请你按照下面的顺序对一下，你把雏鸟和它们的爸爸妈妈排列得是不是正确？下面是正确的排列：

琴鸡爸爸	图4	图2
图9	图3	野鸭妈妈
图5	图8	红脚隼妈妈
图7	图6	燕雀妈妈

鹡鹎爸爸　　　　　　图1　　　　　图10

如果你的排列跟上面的相同，那么每一只流浪的雏鸟，都会有它的爸爸在左边，妈妈在右边。

第五次测验

图1.图2.是灰沙燕和雨燕。在我们这里，雨燕是最大的一种，它的翅膀非常大，看上去很像镰刀。

图3.图4.是金腰燕和家燕，家燕的尾巴像两根小辫子。

图5.是在空中飞着的红隼的影子。

图6.是在空中飞着的老鹰的影子。

图7.是在空中飞着的兀鹰，如鹈鹕、秃头鹰的影子。

图8.是在空中飞着的黑鸢的影子。

图9.是在空中飞着的河鸦的影子。

图10.是在空中飞着的雕的影子。

请把这些鸟的影子画在笔记本上，并牢记它们。

重点：隼的翅膀是尖的，很像一把镰刀；老鹰的翅膀弯曲；兀鹰的尾巴比较尖，还有些圆；黑鸢的尾巴有个三角形的缺口；河鸦的翅膀成三角形状，尾巴比较直，好像是被砍了一段；雕的翅膀非常宽大，翅膀尖儿上的羽毛是分开的。

请说一说，这里画着哪几种蘑菇？

(1)美味牛肝菌；(2)橙盖牛肝菌；(3)棕帽牛肝菌；(4)牛肝菌；(5)油菇；(6)松乳菇；(7)鸡油菌；(8)卷边乳菇；(9)疝疼乳菇；(10)鬼喷烟；(11)红姑；(12)香菇；(13)蜜环菌；(14)蛤蟆菌；(15)毒鹅膏。